中国主要作物绿色高效施肥技术丛书

U0687386

叶色白化茶
绿色高效施肥技术

马立锋 阮建云 岳艳军 等 ◎ 著

中国农业出版社

北 京

丛书编委会

主　编　叶优良　张福锁　刘兴旭

副主编　张庆金　任荣魁　刘锐杰

编　委（以姓氏笔画为序）

马文奇　马延东　王　敏

王宜伦　石孝均　刘学军

刘艳梅　孙志梅　汪　洋

张　影　张丹丹　张书红

张跃强　陈永亮　岳艳军

赵亚南　姜远茂　秦永林

郭世伟　郭家萌　郭景丽

梁　帅　梁元振　葛顺峰

董向阳　樊明寿

著者名单

马立锋（中国农业科学院茶叶研究所）

阮建云（中国农业科学院茶叶研究所）

岳艳军（河南心连心化学工业集团股份有限公司）

杨向德（中国农业科学院茶叶研究所）

樊志磊（河南心连心化学工业集团股份有限公司）

霍克坤（河南心连心化学工业集团股份有限公司）

薛俊鹏（河南心连心化学工业集团股份有限公司）

石元值（中国农业科学院茶叶研究所）

倪　康（中国农业科学院茶叶研究所）

龙俐至（中国农业科学院茶叶研究所）

张群锋（中国农业科学院茶叶研究所）

刘美雅（中国农业科学院茶叶研究所）

方　丽（中国农业科学院茶叶研究所）

张飞翔（河南心连心化学工业集团股份有限公司）

吴　松（河南心连心化学工业集团股份有限公司）

谢玲萍（河南心连心化学工业集团股份有限公司）

前　言

　　叶色白化茶是在白叶一号茶树品种的引领下发展起来的特异性茶树品系，由于其新梢叶色会随着外界环境条件的变化呈现绿色—白色—复绿现象，氨基酸含量高，茶叶产量少、产品稀缺，因此其集观赏、营养、高效益于一体，在绿茶类品种中表现突出。在白化茶系列中白叶一号最具有代表性，真正做到了"一片叶子富了一方百姓！"，广大茶农种植白化茶的热情高涨，推广部门的推广力度也越来越大，据不完全统计，到目前为止仅白叶一号品种在全国的种植面积约为400万亩*，在助力乡村振兴中发挥了积极的作用。

　　叶色白化茶新梢呈白色，不属于我国六大茶类中的白茶类，归为绿茶类。它的施肥管理、种植环境等与正常绿茶品种有相同之处，但也有所差异。叶色白化茶是近二十年才发展起来的新品种，没有专门的施肥技术可借鉴，茶农又缺少相关的理论知识，因此，叶色白化茶园施肥管理相当混乱，茶农大多凭多年的种茶经验或者采用口口相传的方式进行施肥，不敢施氮肥，缺少茶树专用复合肥，导致氮、磷、钾投入不合理的现象在叶色白化茶种植区域非常普遍，造成了叶色白化茶树生长势弱、覆盖度低、开花结果多，茶叶产量低、品质下降。

　　针对上述问题，著者在河南心连心化学工业集团股份有限公司氮肥高效利用创新中心、"十三五"国家重点研发

---

　　*　亩为非法定计量单位，1亩＝1/15公顷。——编者注

计划项目"茶园化肥农药减施增效技术集成研究与示范"(2016YFD0200900)、现代农业产业技术体系建设专项资金（CARS—19）、国家土壤质量西湖观测实验站等资助下开展研究。本书是在相关研究成果的基础上撰写而成，在写作过程中得到了众多单位和个人的大力支持，同时也参考了相关研究成果，在此表示衷心的感谢。

　　本书系统地介绍了叶色白化茶产业状况、区域茶园土壤养分和施肥现状、叶色白化茶生长条件、施肥原理、施肥指标、绿色高效肥料产品、施肥技术模式及应用效果等。全书内容翔实、科学性强，相关技术易于操作，具有较强的实用性，可供广大茶叶科技工作者、从事茶叶生产的茶农参考。

　　由于著者知识所限，书中疏漏与不妥之处难免，敬请广大读者批评指正。

著　者

2024 年 3 月

目　录

前言

叶色白化茶产业状况

第一节　叶色白化茶发展历程

叶色白化茶是在白叶一号茶树品种（原名安吉白茶）的引领下发展起来的特异性茶树品系，其新梢叶色会随着外界环境条件的变化而变化且氨基酸含量高，茶叶产量相对低、产品稀缺，兼具观赏、营养、高价值。因此，该茶树品种一经推广，便得到广大茶农的追捧，在绿茶类品种中表现突出。

白叶一号是20世纪80年代初期由科研人员在浙江省安吉县天荒坪镇大溪村海拔800多米的高山上发现的一棵野生茶树通过无性繁殖而来。20世纪90年代开始在安吉县溪龙乡种植，1998年白叶一号被浙江省农作物品种审定委员会认定为省级茶树品种。目前，安吉县白叶一号种植面积稳定在17万亩左右，年产量0.19万吨，总产值达到25亿元，实现人均收入增加7 000余元，白茶产业已成为安吉县农业的特色优势产业。

2018年4月，为推进帮扶成果转化、促进西部共同富裕，安吉县黄杜村20名党员给习近平总书记写信，提出捐赠1 500万株白叶一号茶树苗帮助贫困地区，白叶一号作为扶贫苗进入四川、贵州等贫困山区。白叶一号茶树品种在我国种植已十分广泛，浙江、江苏、江西、安徽、贵州、四川、湖南、湖北等省份都有大面积种植，据不完全统计，截至目前全国种植面积大约400万亩。

之后陆续有其他叶色白化茶品种被选育出来，并进行了示范推广，但推广种植面积不大，白叶一号品种依然在叶色白化茶品系中一枝独秀。

目前对叶色白化系品种研究主要以白叶一号为主，因此，本书所涉及的内容主要以白叶一号茶树品种展开，其他叶色白化茶品种可以参考。

第二节　叶色白化茶树品种分类

白化是一种常见的叶色变异类型，受遗传因素或外界环境影响，芽叶颜色趋向白色。叶色白化茶品种一般可以分为三大类：①温度敏感型；②光照敏感型；③复合型。

一、温度敏感型品种

此类品种主要随着外界温度变化影响而发生叶色变化。早春萌发的新梢在气温相对较低的时期表现为白色（图1-1），到春茶后期随着气温逐渐升高，叶色开始由白色转向绿色。温度敏感型品种主要以白叶一号、千年雪、小雪芽为代表。

图1-1　白叶一号茶树品种新梢

二、光照敏感型品种

此类品种主要受外界光照强度变化影响而发生叶色变化。当光照强度大时，芽叶叶色变为黄色（图1-2），遮阴时叶色返绿。光照敏感型品种以中黄1号、黄金芽、御金香为代表。

图1-2　中黄1号品种茶树新梢

三、复合型品种

此类品种叶片部分兼具光照和温度敏感，部分则表现不敏感，最终芽叶形成复色（图1-3），如金玉缘、瑞雪5号、春雪3号等。

图1-3　复合型品种芽叶

第三节 叶色白化茶产量、品质情况

一、叶色白化茶产量状况

（一）新梢产量构成

1. 新梢密度

新梢密度是指单位面积新梢数量，常用个/米^{2}表示，在产量构成上起重要作用，与茶叶产量高度相关。但新梢密度并非越高越好，密度过高会导致芽叶瘦小，降低新梢百芽重，此时可考虑适当降低新梢密度。

2. 新梢百芽重

新梢百芽重是指采摘100个新梢的总重量，单位为克。新梢百芽重需与新梢密度综合考虑，在合理新梢密度情况下，新梢百芽重越大，产量越高。

3. 茶树树冠覆盖度

茶树树冠覆盖度是指单位面积内树冠投影面积占比，用%表示，在产量构成上起决定性作用，树冠覆盖度越大，产量越高。但茶树树冠覆盖度需要考虑以不妨碍农事操作为宜。

（二）产量

与其他正常绿茶品种相比，叶色白化茶树（如白叶一号）属于突变体品种，生长势、抗性相对弱，成龄茶树树体相对矮小、树冠覆盖度低，开花（图1-4）、结果多，芽叶生育力较低，整体产量并不高。如果按目前安吉县种植面积17万亩、产量0.19万吨估算，亩产量（干茶）约为11千克，明显低于其他名优绿茶产量（春茶可以达到20～40千克/亩）。

二、叶色白化茶品质特征

叶色白化茶（如白叶一号）具有叶白、香郁、味醇的独特品质特征。

白叶一号芽叶在白化过程中表现为游离氨基酸总量增加，茶

图1-4　白叶一号品种茶树花蕾

多酚、叶绿素含量下降，而在返绿过程中则表现为游离氨基酸总量降低，茶多酚、叶绿素含量增加。

在正常生长发育情况下叶绿素主要在叶片叶绿体内合成。当叶绿体功能遇到障碍后，叶绿素合成失去了可依赖的物质基础（完整而正常的膜系统），致使叶绿素合成无法进行，同时叶绿素合成受抑制后，也往往伴随着类囊体发育受到阻碍，又会抑制叶绿体的发育。

低温诱导型茶树品种（如白叶一号）新梢叶绿体突变，在气温较低的早春萌发的新梢呈现白化失绿现象，随着后期气温上升，新梢又逐渐复绿，这个过程主要受到温度的严格控制。而光照诱导黄化品种（如中黄1号）由于类胡萝卜素生物合成被抑制，叶片产生明显的黄化现象。光照敏感型茶树品种在强光下，新梢叶片呈现失绿现象，但经遮阴处理，新梢叶色逐渐转绿。

新梢白化失绿往往伴随着游离氨基酸总量的增加，游离氨基酸可以高达7%以上，含量比普通绿茶品种要高2～3倍，茶汤滋味特别鲜爽。这主要是因为白化突变会使Rubisco酶活性发生剧烈的变化，导致蛋白水解，从而增加游离氨基酸总量。

三、叶色白化茶产量、品质下降原因

近年来，叶色白化茶的产量、品质在持续下降，具体表现为整体产量不高、茶汤鲜爽度下降、滋味单薄、香气缺失、叶色白化度下降等。出现这种现象的主要原因如下：

（一）气候变暖

一般来说，茶树从花芽分化到茶果成熟大概需要经过1年半的时间，开花的适宜温度为20℃左右，当气温下降到-2℃时，花蕾不再开花，气温到-4℃以下时，花蕾会死亡。

目前受到全球气候变暖影响，秋冬季冻害大幅减少，茶树结果率明显提高，从而消耗了树体内大量的养分，新梢获得的养分显著下降，势必会影响茶叶产量、品质。有研究表明，花中氮含量高达3.5%，开花消耗的氮素约为105千克/公顷（Fan et al., 2019），几乎占到了茶树年推荐施氮量的1/3 ~ 1/2。

同时，气候变暖会导致低温敏感型茶树新梢白化不完全或者白化期缩短，使芽叶白化度下降，从而影响其特有的品质特征。

（二）茶树品种退化

现在的茶苗基本都是无性繁殖，长期无性繁育下母本园茶树树龄越来越大，早已过了成龄期，这样的扦插苗容易出现早花、多花的情况，随处可见的幼龄茶园多花便是这个原因。

（三）连作障碍

茶树是多年生木本经济作物，相对粗放的茶园管理条件下容易产生连作障碍，如土壤酸化、板结等问题，造成土壤透气性降低、茶园土壤微生物群落多样性降低、土壤养分失衡（土壤铝离子大量释放、硝酸根和陪伴盐基离子淋洗）、根系生长不良，导致根系难以从土壤中吸收养分，影响茶树正常生长。

（四）不合理施肥

叶色白化茶由于其产品的特异性，茶农担心施氮肥引起叶色变绿，因此不敢施氮肥，而长期施等养分复合肥。这种氮、磷、钾养分的不合理投入造成土壤氮不足，磷、钾累积，茶树由营养生长向生殖生长转变，导致开花、结果多，茶树生长势弱，茶行覆盖度低，茶叶产量、品质下降。

（五）茶园管理不到位

我国茶园管理相对粗放，茶园杂草多、病虫害防治不及时、不进行耕作，造成杂草与茶树争养分及病虫害危害，使新梢减产（图1-5）。

图1-5　白叶一号茶树生长势弱茶园

（六）修剪方式不当，造成茶树早衰

正确的修剪能够更新复壮茶树树体，达到茶叶增产、提质的目的，但叶色白化茶树（如白叶一号）长势相对弱，生产上只有通过重修剪或近乎台刈的修剪方式才能获得相对粗壮的生产枝条（图1-6），如此追求产量的修剪，容易造成叶色白化茶茶树早衰。

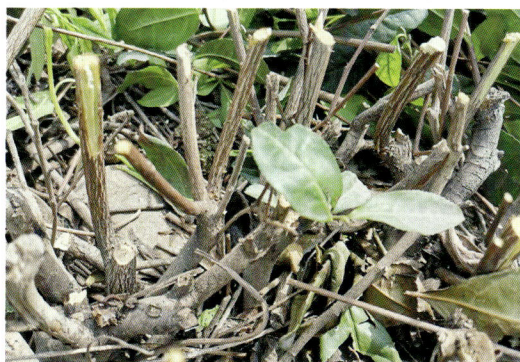

图1-6　重修剪后的白叶一号茶树

第四节　茶园规模化状况

我国茶树大多生长在山区、半山区。现有茶园绝大部分以各种形式的承包责任制承包到户，基本上按照一家一户的生产方式管理。按目前6 000万茶农（3人/户）估算，平均每户承包不足2.5亩，达不到规模化程度。

近年来，茶园个体化、碎片化的独立分散经营，通过土地流转逐步转变为规模相对大的家庭农场管理运营。此外，还有一种茶叶专业合作社的新型运营模式，把"企业＋基地＋农户"紧密联系在一起，对茶农进行培训，提高茶农的茶园管理水平；实行统防统治、统一配肥、统一进行病虫害防治，鲜叶统一收购，形成了种植、加工、销售一条龙的产业化经营模式，增强了产品的市场竞争力，经济效益大大提高，促进了茶产业健康发展，带动了个体茶农增产增收。但在实际运行过程中还存在诸多问题，对个体茶农的服务效果参差不齐。

区域叶色白化茶园土壤养分和施肥现状

第一节　茶园土壤养分状况

一、茶园土壤性质的基本要求

土壤性质包含了土壤物理、化学和生物性质等。

（一）土壤物理性质

土壤物理性质指土壤本身由于固、液、气三相组成部分的相对比例关系不同所表现的物理状态及性质，包括土壤结构、容重、黏度、孔隙度等。

理想的土壤物理性质要求土层深厚，深度能达到0.8米以上，地下水位在1米以下，土壤质地疏松，通透性好，以沙壤土为最佳。土壤沙性过强，保水、保肥能力弱；过黏，通气性差，不利于根系生长及吸收养分。

（二）土壤化学性质

茶园土壤化学性质包括土壤有机质含量、pH、有效态养分等。优质高效高产茶园的土壤营养诊断指标见表2-1。

表2-1 优质高效高产茶园的土壤营养诊断指标（韩文炎等，2002）

	有机质（%）	pH（H$_2$O）	全氮（%）	速效氮（毫克/千克）	有效磷（毫克/千克）
指标	>2	4.5～5.5	>0.1	100	>20

	有效钾（毫克/千克）	有效镁（毫克/千克）	有效铜（毫克/千克）	有效锌（毫克/千克）
指标	>100	>50	>1.0	>2.0

注：有效磷浸提方法为Bray法，有效钾、镁为中性醋酸铵法，有效铜、锌为稀盐酸法。

（三）土壤生物性质

土壤生物性质主要包括土壤微生物、土壤动物、土壤酶等，其中土壤微生物是土壤生态功能的重要提供者，在土壤有机质周转、土壤养分转化、土壤团聚体形成、温室气体排放等物质循环和能量转化过程中发挥着重要作用（图2-1），因此调控土壤中微生物数量与群落结构对增加土壤中养分有效性、改善土壤肥力、提高土壤生产力具有重要意义。

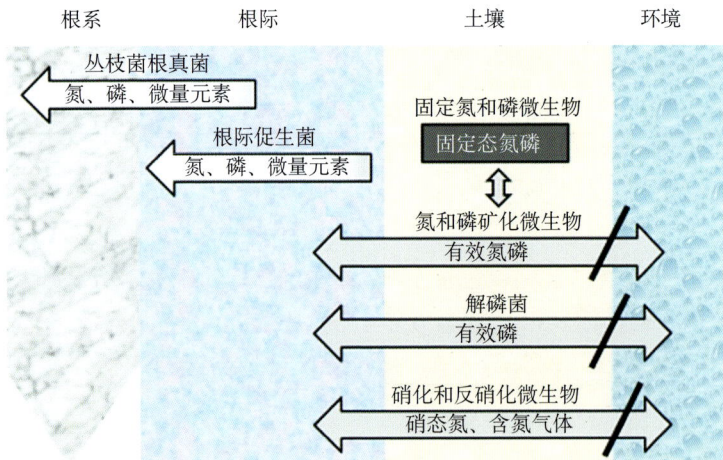

图2-1 改善植物土壤营养的土壤微生物途径（沈仁芳和赵学强，2015）

二、茶园土壤养分状况

（一）土壤pH和有机质含量

由表2-2可知，2014年以前，区域叶色白化茶园土壤pH为3.3 ~ 5.5，其中 pH<4 的茶园比例为54.89％，茶园土壤酸化严重；土壤有机质含量平均为1.39％，但低限比例为28.23％，高限比例仅为12.95％，仍然有1/3茶园土壤有机质含量不足。由表2-3可知，2020年以后，区域叶色白化茶园土壤pH<4的茶园比例只占22.22％，pH有了明显提高，表明区域土壤酸化得到了有效缓解；土壤有机质高限比例达42.22％，表明土壤有机质含量在提升，但不足现象依然存在（占24.44％）。

（二）土壤主要养分含量

由表2-2可知，2014年以前，区域叶色白化茶园土壤全氮含量平均为0.114％，低限比例为52.74％，没有出现高限含量的茶园，说明土壤全氮含量低；土壤有效磷含量平均为5.20毫克/千克，其中低限比例为89.62％，说明土壤有效磷缺乏严重；土壤速效钾含量平均为45.0毫克/千克，其中低限比例为66.25％，高限比例仅占13.94％，说明土壤有效钾缺乏。

表2-2　区域叶色白化茶园土壤肥力现状分析（汤丹等，2014）

参数	pH	有机质（%）	全氮（%）	有效磷（毫克/千克）	有效钾（毫克/千克）
低限	<4	<1.0	<0.1	<20	<80
高限	>6	>2.0	>0.2	>30	>120
范围	3.30 ~ 5.50	0.97 ~ 5.35	0.035 ~ 0.180	2.0 ~ 272.0	36.0 ~ 274.0
平均	—	1.39	0.114	5.20	45.0
低限比例（%）	54.89	28.23	52.74	89.62	66.25
高限比例（%）	0	12.95	0	8.04	13.94

由表2-3可知，2020年以后，区域叶色白化茶生产茶园土壤无机氮含量高限比例占了60.00%，低限比例只占4.44%，表明土壤氮含量在提高；土壤有效磷含量高限比例占到了66.67%，表明土壤有效磷累积严重；土壤有效钾含量高限比例占了88.89%，表明土壤有效钾丰富；土壤有效镁含量低限比例占到了71.11%，表明土壤有效镁缺乏。

表2-3 区域叶色白化茶园土壤肥力现状分析（2020年）

参数	pH	有机质（%）	无机氮（毫克/千克）	有效磷（毫克/千克）	有效钾（毫克/千克）	有效镁（毫克/千克）
低限	<4	<1.0	<20	<12	<80	<120
高限	>6	>2.0	>50	>24	>120	>300
范围	3.49～7.64	0.56～4.00	2.50～442.80	4.5～629.5	62.6～311.6	2.3～462.2
平均值	4.65	1.73	92.79	138.98	153.25	101.09
变异系数（%）	23.95	54.65	96.31	132.98	43.14	104.40
低限比例（%）	22.22	24.44	4.44	2.20	8.89	71.11
高限比例（%）	15.56	42.22	60.00	66.67	88.89	6.67

注：有效态含量浸提方法采用ASI法。

三、土壤障碍因子

根据对区域叶色白化茶园土壤主要养分的测定结果，对照优质高效高产茶园土壤营养诊断指标，区域叶色白化茶园土壤肥力状况近年来有了明显改观，土壤氮含量、有机质含量在逐步提升，土壤酸化得到了有效遏制，但土壤有效磷、有效钾由缺乏转变为累积，土壤有效镁仍然缺乏。因此，区域白化茶园土壤障碍因子可归结为：

（一）土壤酸化

区域叶色白化茶园土壤酸化严重，近年来由于土壤改良剂的使用，土壤酸化情况得到了有效遏制，酸化趋缓，但依然需要引起重视。

（二）土壤有机质缺乏

区域叶色白化茶园土壤有机质含量低，远没有达到2%，虽然近年来土壤有机质含量有了明显的提高，但仍然表现为缺乏。

（三）养分供应失衡

区域白化茶园平均土壤含氮量低，近年来有了很大的提高，但依然存在土壤缺氮茶园。土壤有效磷、有效钾含量从不足到累积，只经历了5～10年，可见磷、钾的累积速度非常快，值得关注。茶园土壤对磷的吸附和固持率较高，但磷主要转化成铝－磷、铁－磷和闭蓄态磷，所以土壤中磷的累积越来越严重；而土壤酸化后土壤中的钾、镁等变为可溶态，容易淋溶。此外，由于茶园不重视镁肥的施用，区域白化茶园土壤有效镁含量非常低，镁肥的补施今后应纳入茶园施肥技术规程中。

（四）土壤板结严重

土壤酸化后，大量的盐基离子淋失，破坏了土壤团粒结构，土壤易板结。同时，土壤有机质含量低，仅有的一点腐殖质转化成可溶性的腐植酸而淋失，很难形成良好的团粒结构，加剧了土壤板结。

第二节　区域叶色白化茶园施肥现状

一、茶园肥料施用量

从肥料养分投入情况来看（表2-4），氮、磷、钾平均用量分别为227.2千克/公顷、144.5千克/公顷、155.3千克/公顷，但用量变化幅度比较大。氮肥平均用量相对合理，磷、钾肥用量相对过量。

由有机氮肥用量占氮肥用量的比例可知，区域叶色白化茶园有机肥的使用量相对较多。

表2-4　区域叶色白化茶园肥料养分投入情况

项目	氮肥用量（N）	有机氮肥用量（N）	磷肥用量（P_2O_5）	钾肥用量（K_2O）	总用量（$N + P_2O_5 + K_2O$）
养分范围（千克/公顷）	92.3 ～ 495.0	0.0 ～ 297.0	30.0 ～ 318.2	50.9 ～ 326.7	200.9 ～ 1 114.4
平均养分（千克/公顷）	227.2	97.8	144.5	155.3	527.0
变异系数（%）	39.3	55.1	37.9	12.3	37.2

二、施肥方式

从施肥次数上看（表2-5），全年只施1次肥的农户占30%，55%的农户施2次肥，施3次肥的农户只占15%。

表2-5　施肥次数、时期

施肥次数	施肥时期	占调查样本比例（%）
1	9月中旬至10月中旬	30
2	①2月 ②7—10月	55
3	①2月 ②5—6月 ③9—10月	15

从施肥时期上来看，茶农施基肥时间在9—10月，追肥时间在2月、5—6月和7—8月，基本能做到施基肥，部分能做到施催芽肥，可见茶农对基肥、催芽肥的重要性还是了解的。

施基肥能做到开沟施肥（或结合小型机械深施），但追肥时基本采取撒施的方式进行。

从肥料选择上来看，近几年来茶农施用茶树配方肥的比例有很大的提高，47.5%的茶农会选择使用配方肥，但依然有52.5%的茶农没有使用过配方肥。

三、区域茶园施肥存在的问题

（一）施肥两极分化严重

目前，区域白化茶园施肥不足和过量施肥并存，氮、磷、钾用量低的只有200.9千克/公顷，高的可以达到1 114.4千克/公顷。由于缺乏科学的施肥技术，有茶农认为少施肥，茶叶白化度好，品质就好；也有茶农认为，少施氮肥，但可以多施磷、钾肥。缺少针对性施肥技术，造成了白化茶区域施肥极其混乱的局面。

（二）氮肥施用不足，磷、钾肥施用过量

虽然平均氮肥用量相对合理，但分析氮肥用量可知，42.5%的农户氮肥用量不足，只有12.5%的农户氮肥过量（表2-6）。可见叶色白化茶区域茶农总体上依然不敢施氮肥。

表2-6　氮肥用量分析

氮肥用量范围（千克/公顷）	判断性描述	占调查样本比例（%）
N<200	不足	42.5
200≤N<250	适量	20.0
250≤N<300	偏多	25.0
N≥300	过量	12.5

有62.5%的农户磷肥施用过量，只有5.0%的农户磷肥用量不足（表2-7）。钾肥用量类似于磷肥，45.0%的农户钾肥施用过量，只有2.5%的农户钾肥用量不足（表2-8）。

表2-7　磷肥用量分析

磷肥用量范围（千克/公顷）	判断性描述	占调查样本比例（%）
P_2O_5<60	不足	5.0

（续）

磷肥用量范围（千克/公顷）	判断性描述	占调查样本比例（%）
$60 \leqslant P_2O_5 < 90$	适量	2.5
$90 \leqslant P_2O_5 < 120$	偏多	30.0
$P_2O_5 \geqslant 120$	过量	62.5

表2-8　钾肥用量分析

钾肥用量范围（千克/公顷）	判断性描述	占调查样本比例（%）
$K_2O < 60$	不足	2.5
$60 \leqslant K_2O < 90$	适量低限	10.0
$90 \leqslant K_2O < 150$	适量高限	42.5
$K_2O \geqslant 150$	过量	45.0

（三）氮、磷、钾投入比例不合理

区域叶色白化茶园N、P_2O_5、K_2O投入平均用量分别为227.2千克/公顷、144.5千克/公顷、155.3千克/公顷，比例为1：0.63：0.68。按照叶色白化茶树的养分吸收规律和品质特征要求，P_2O_5、K_2O的投入比例明显偏高，一般叶色白化茶N、P_2O_5、K_2O适宜比例为1：（0.2～0.3）：（0.3～0.5）。

（四）施肥方式不合理

叶色白化茶区域茶农施肥次数全年只有1～2次，一般都会施基肥，部分会施催芽肥和秋茶追肥，但没有夏茶追肥的习惯，且施肥时期随意性大，甚至有茶农在8月施用基肥。施追肥主要以撒施方式进行。

叶色白化茶根系相对弱小，吸收养分能力相对弱，宜提倡采用少量多次施肥的方式进行，一般可采用1基2追方式进行（即基肥、催芽肥、夏茶追肥或秋茶追肥）。

四、不合理施肥现象造成的影响

（一）茶树开花结果多

茶树生长存在两个过程，即营养生长过程和生殖生长过程。茶树是叶用经济作物，叶色白化茶通常以1芽1叶至1芽2叶初展芽叶作为利用对象，茶花和茶果利用非常少，因此应最大程度地促进其营养生长，抑制生殖生长。

当过多的磷、钾施入时，营养生长和生殖生长矛盾会加剧，茶树生长向生殖生长过程转移，生长中心的转移导致花果增多（图2-2）。

图2-2　不同施肥模式下白叶一号茶树花蕾

（左图为磷、钾过量，右图为平衡施肥）

（二）新梢产量、品质下降

施肥不足会导致茶树生长势弱，表现为茶树矮小、茶行覆盖度低（图2-3），从而影响新梢产量和品质成分的形成。有研究表明（图2-4），当磷不足时绿茶中游离氨基酸总量和茶多酚含量较低；随着磷用量的增加，绿茶中游离氨基酸总量、茶多酚含量随

17

图2-3　不同肥料用量下白叶一号茶树生长情况

（左图为施肥不足，右图为平衡施肥）

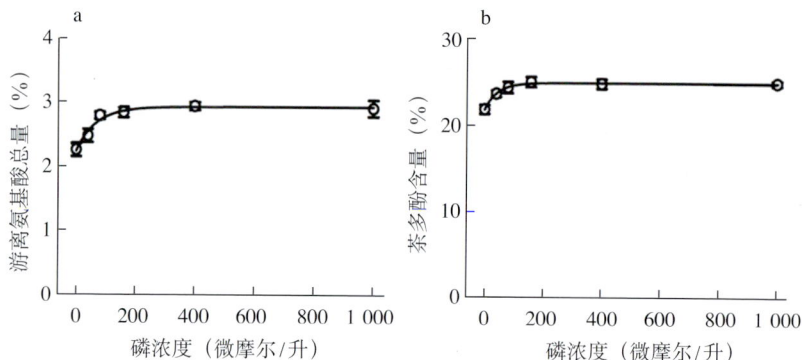

图2-4　磷供应浓度对绿茶游离氨基酸总量（a）和

茶多酚含量（b）的影响（Lin et al., 2012）

之增加；继续提高磷用量，游离氨基酸总量、茶多酚含量不再提升，处于平台期。但磷过量后反过来又会促进茶树生殖生长，花果增多，长此以往又会影响新梢产量和品质。

（三）肥料利用率下降

过量施肥后，茶树短期内吸收不了的养分一部分在土壤中储存，另外一部分以各种方式损失。其中，氮素通过地表径流、淋溶、挥发等方式损失，磷素主要通过径流方式损失，钾素主要通过地表径流、淋溶方式损失（图2-5），大大降低了肥料的利用率。

图2-5　肥料施入土壤后养分去向

　　按照叶色白化茶以1芽1叶至1芽2叶初展为原料、平均产量（干茶）为11千克/亩估算，采摘带走的氮（N）、磷（P_2O_5）、钾（K_2O）总养分约为1.2千克/亩。按茶农习惯施肥量（调查结果）35千克/亩计算，新梢肥料利用率只有3.4%，肥料利用效率非常低。

（四）土壤酸化日益加剧

　　我国茶园土壤在20世纪80年代后期逐渐酸化，到90年代酸化速度加快，进入21世纪，土壤酸化进一步加剧，如福建省茶园土壤pH在4.5以下的茶园占86.9%（其中pH低于4.0的占28%），江西省茶园土壤pH都在4.5以下，其中小于4.0的占72.0%（杨向德等，2015）。有研究表明，过量施肥，特别是氮肥，是引起土壤酸化的主要因素之一。高氮施用造成土壤铝离子释放、硝酸根和陪伴盐基离子淋洗，是导致茶园土壤酸化的主要机制（Yang et al.，2018）。

（五）环境污染风险增加

　　肥料过量施用和不合理的施用方式（主要以撒施形式进行）

19

造成茶树吸收不了的养分会随着降雨等通过地表径流、地下淋溶、温室气体等方式损失，从而导致环境污染。茶园氮素淋溶对地下水质量具有潜在威胁，水体富营养化严重。我国茶园附近的泉水中 $NO_3^- - N$ 浓度通常在 50 毫克/升左右，远远超过中国饮用水标准上限（中华人民共和国卫生部，2006）。

叶色白化茶生长条件

　　叶色白化茶生长的环境条件与正常绿茶品种有相同之处，但也存在着的差异。相似之处在于土壤条件，差异之处在于地形条件和气候条件。

　　一般茶树生长可分为气候条件（包括气温、降水、光照等）、地形条件（包括地势、海拔、坡向等）、土壤条件（包括土壤质地、土壤深度、有机质、pH、养分含量等）等几个方面。

第一节　气候条件

　　叶色白化茶主要对光照或者温度敏感，因此对光照和气温的要求较高。如对光照敏感的叶色白化茶（如中黄1号），光照强度不宜过弱；对温度敏感的叶色白化茶（如白叶一号），气温不宜过低或者过高。否则，会引起叶子的白化不完全，影响白化茶叶特有的白化度这一重要品质指标。

1. 气温条件

　　种植叶色白化茶区域（如白叶一号）的年积温应小于5 000℃，理想积温在3 700～3 800℃（王开荣，2006）。极端温度不低于−5℃、不高于40℃，春季日均气温不能太低或太高，否则叶色不会白化。如白叶一号品种，在10℃左右时启动白化，在23℃时会返绿。

2. 光照条件

　　光照条件主要是指光的强度和性质。

光对叶绿素的形成具有重要影响，黑暗中植物不能合成叶绿素，叶肉细胞中只有胡萝卜素和叶黄素，因而叶片颜色呈黄白色。茶树属于耐阴性作物，喜弱光照射和漫射光，叶色白化茶树也一样，在适当弱光条件下生长状态较好。但对于光照敏感白化茶（如中黄1号），在光照相对强时，其新梢叶片才呈现白化现象。

光照敏感型白化茶的白化取决于光照度，随着光照度的增加，叶片开始明显白化。有研究表明，黄金芽等品种芽体白化光照度约为15 000勒克斯，叶片白化为15 000～25 000勒克斯，当光照度在25 000～30 000勒克斯时出现明显黄化，60 000勒克斯以上时出现深黄色（王开荣等，2008；李明等，2008）。

3. 降水条件

叶色白化茶树生长势相对较弱，根系不发达，抗旱性相对弱，因此种植区域降水全年应相对分布均匀，尤其在白化茶生长期间，每月需要保证100毫米以上的降水量。平均湿度太低的地区不适宜种植白化茶。

第二节　地形条件

我国各茶区分布广，地形复杂，茶园地形条件选择可考虑坡地、海拔、坡向等。

山高风大的西北坡或者深谷凹地，茶树容易遭受冻害，一般不建议栽种白化茶，可选择偏南坡。

虽说"高山出好茶"，高山一般云雾多，空气湿度大，漫射光强，但并非海拔越高越好，海拔高容易遭受冻害，每升高100米气温下降0.6℃，而且过低的气温和过弱的光照，容易出现新梢白化不完全。因此，叶色白化茶栽种海拔不宜过高，一般以800米以下为宜。

白化茶园选择坡度不宜过大，坡度大水土流失严重，养分损失大，容易造成茶树长势不佳，宜选择坡度25°以下，如果坡度过大，可考虑改成梯田茶园。

第三节 土壤条件

土壤条件对于茶树生长具有重要的作用，栽种叶色白化茶的土壤必须从土层、质地、有机质、酸碱度等方面去考虑。

（一）土层深厚

成年叶色白化茶树根系一般在40厘米以上，吸收根主要分布在5～30厘米范围内，因此土层有效深度应在60厘米以上，以满足茶树根系生长要求。

（二）土壤质地疏松

土壤质地以沙壤土为最佳，沙性过强的土壤保水、保肥能力差，一旦发生高温干旱或低温冰冻时，容易产生危害；质地过黏的土壤通气性较差，茶树根系生长受限，吸收养分能力大大降低，容易出现茶树生长不良现象。

土壤疏松有利于快速排水，不会造成积水，根系生长环境得到有效改善。

（三）土壤有机质含量高

土壤有机质能有效提高土壤质量，改善茶树根系生长环境，一般茶园土壤有机质含量在1%～2%，最好能达到2%以上。

（四）土壤呈弱酸性、低钙性

茶树喜酸怕碱，在碱性土壤中生长不良，但在强酸性土壤中生长也不理想。植茶土壤pH适宜范围为4.0～6.5，以5.0～5.5最佳。土壤是否可以植茶，可利用指示植物（图3-1）来判断，如芒萁、映山红、马尾松、山茶等。

茶树是嫌钙作物，土壤中游离碳酸钙含量超过1.5%时，对茶树会造成危害，因此石灰性土壤不宜种茶树。

图3-1 酸性土壤指示植物——芒萁（左）和映山红（右）

PART 04 「第四章」

叶色白化茶园施肥原理

第一节　茶树养分需求规律

一、茶树主要营养元素及作用

（一）氮素营养

1. 氮素吸收与利用

氮素是茶树中含量最高的矿质元素，叶色白化茶树新梢中全氮含量可达到5%以上。氮是茶树各组织中蛋白质、核酸等重要物质的构成元素，参与茶树生长发育的所有过程，被称为生命元素。因此在所有元素中，氮素是最重要的。

能被茶树吸收的氮素形态主要为铵态氮和硝态氮，但茶树有明显的喜铵特性，在铵态氮和硝态氮同时存在的情况下，优先吸收铵态氮，且吸收同化的铵态氮是硝态氮的2倍；当分别供给铵态氮和硝态氮时，铵态氮供给下生长的茶树长势明显优于硝态氮供应下的茶树，且茶树新梢中游离氨基酸总量更高。

氮在茶树体内具有高度的移动性，能被再利用。茶树缺氮时，成熟组织中的氮素会转移到新生组织，叶片失绿出现黄色。因此，茶树叶片缺氮症状先从老叶和成熟叶中开始表现，随着缺氮程度的加剧，逐渐向新叶发展。缺氮造成的叶片失绿最典型症状是叶脉连同叶片一起失绿（图4-1）。当氮肥用量过多后，茶树叶片变得大而薄，叶色变为墨绿色。

图4-1　茶树叶片缺氮症状

2.氮素营养对茶叶产量、品质的影响

茶叶产量对氮肥的响应可以用线性加平台或二次曲线模型表示，低氮用量下，茶叶产量随着氮肥用量增加而增加，几乎呈现线性增加；但超过一定用量后，这种增产作用明显减弱，趋于平缓，呈现平台期，如果用量进一步增加，甚至出现产量下降（图4-2）。

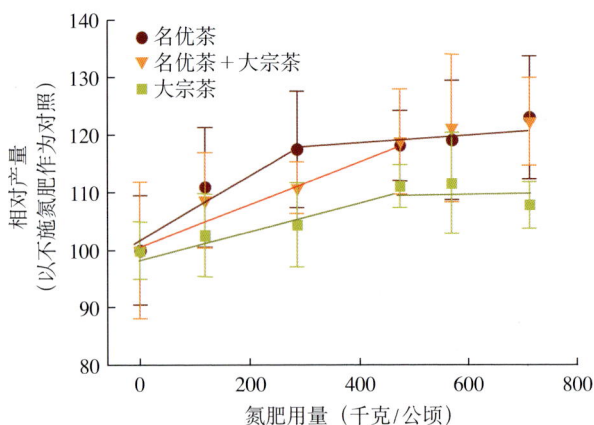

图4-2　不同氮肥用量对茶叶产量的影响（阮建云 等，2020）

因此，茶园施用氮肥不足时容易造成茶树缺氮、树体生长减慢、叶子小，由图4-3可知，当氮素供应量低时，新梢中游离氨基酸总量低，多酚类物质和酚氨比高，绿茶品质不佳。之后随着氮素供应量的提高，新梢中游离氨基酸总量提高，多酚类物质和酚氨比随之下降，绿茶品质明显提高。但当氮肥过量使用后，增加游离氨基酸总量的同时，也会增加精氨酸累积（图4-4a），且精氨酸在游离氨基酸总量中的占比明显上升（图4-4b），精氨酸在茶汤中的阈值很低（每100毫升茶汤10毫克），稍有增加就能明显感觉到苦味，对绿茶品质产生不利影响。唯有适量施氮能明显促进根系生长，提早顶芽和侧芽的萌发，增加侧芽的萌发数量；促进茶

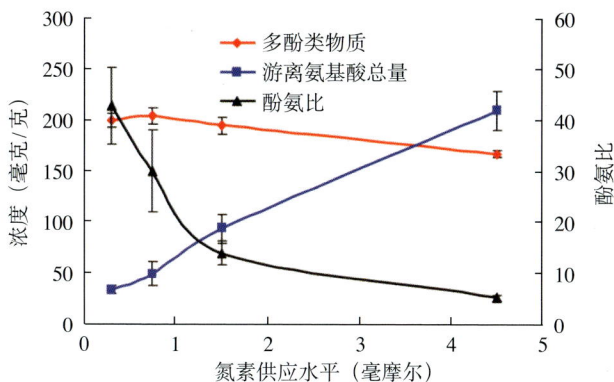

图4-3　氮素供应与新梢品质成分的关系

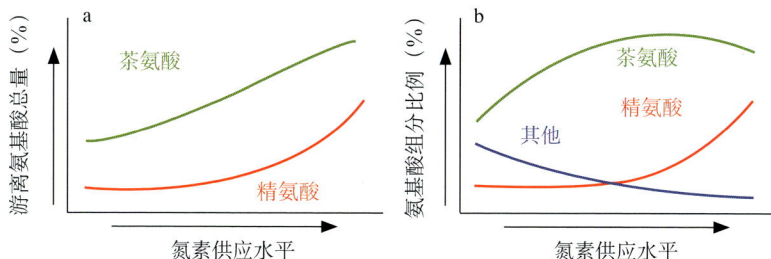

图4-4　氮素供应与新梢氨基酸含量（a）和氨基酸组分占
游离氨基酸总量的比例（b）的关系

氨酸合成，提高茶氨酸在游离氨基酸总量中的比例，提高绿茶的鲜爽度。

3. 常用氮肥品种

（1）**铵态氮肥**　常见有硫酸铵、硝酸铵等。

土壤能保持和储存铵态氮，被土壤吸附或固持的铵可以被根系直接吸收，但过量施用铵态氮会导致氨挥发增多。

硫酸铵 $[(NH_4)_2SO_4]$：含氮21％，含硫24％，性质稳定、施用方便，是茶园较好的氮肥品种之一。属生理酸性肥，长期施用会使土壤酸化。

硝酸铵（NH_4NO_3）：含氮33％～34％，生理中性肥料。硝酸铵易吸水溶解和结块。适合在雨水相对较少的茶区，或在降雨较少的季节使用。

（2）**酰胺态氮肥**　指人工合成的有机态氮肥，如尿素。

尿素 $[CO(NH_2)_2]$：它是当前茶园中施用最普遍的氮肥之一。含氮46％，生理中性肥料，性质稳定，颗粒状。尿素本身不挥发，但经脲酶分解形成氨后，就会挥发，施肥时应适当深施。

（3）**氰氨态氮肥**　主要有氰氨化钙（石灰氮）。

石灰氮：含氮22％，纯品为无色晶体，常见因含有杂质而呈深灰色或黑灰色。石灰氮在土壤中水解后生成尿素，除作为氮肥使用外，还因具有改良土壤酸性等作用而作为土壤改良剂使用。

（二）磷素营养

1. 磷素吸收与利用

磷是茶树第三大营养元素，在新梢中的含量约为1％。磷是核酸、磷脂、蛋白质等物质的主要成分，在物质和能量代谢中起着非常重要的作用。

磷主要以磷酸二氢根（$H_2PO_4^-$）和磷酸氢根（HPO_4^-）形式被茶树吸收，当土壤酸度较强时以 $H_2PO_4^-$ 形态吸收为主，一般认为pH 5.0～5.5时有利于茶树对磷的吸收。

　　磷在茶树体内易移动，能被茶树再利用。当茶树缺磷时，成熟组织中的磷会转移到新生组织。叶片缺磷症状先从老叶和成熟叶开始，叶色变为暗红色（图4-5），随着缺磷程度的加剧，新叶也变为暗红色。茶园过量施磷会造成茶树开花结果增多。

图4-5　茶树叶片缺磷症状

2. 磷素营养对茶叶产量、品质的影响

　　缺磷时首先抑制根系的生长，新根少而细，茶树生长缓慢（图4-6），产量、品质下降；缺磷后植物会通过磷信号转导通路调控一系列的生理变化来应对磷胁迫，通常表现为在叶、茎等组织中积累花青素。花青素含量增高，颜色变紫，制成的茶叶颜色发暗、滋味苦涩，品质低劣。

　　施磷促进茶树根系的生长，提高茶叶产量，与氮肥配合使用，效果更佳（表4-1）。但施磷过量，茶树营养生长和生殖生长矛盾加剧，会促进生

缺磷区　　　正常区

图4-6　磷素营养对茶树的生长

殖生长，营养生长受到抑制，导致开花结果增加，降低茶叶产量和品质。

表4-1　施磷对茶叶产量的影响（王泽农，1964）

	不施肥	施磷肥	施氮、磷肥
茶叶产量（千克/亩）	121.6	143.6	263.5
增产（%）	0.0	18.1	116.8

因此，适量施磷能够促进茶树根系生长，促进氮素代谢，提高茶叶氨基酸含量、水浸出物含量，从而提高茶叶产量和品质。

有研究表明，茶叶中茶多酚、水浸出物含量与土壤有效磷、铝－磷存在显著正相关，但土壤全磷含量与茶叶中茶多酚、氨基酸、水浸出物等品质成分无明显关系（表4-2），这表明土壤全磷含量的高低不能说明土壤有效磷的供给状况是否良好，但它却是土壤供磷潜力大小的标志。

表4-2　土壤磷形态与茶叶品质成分间的相关系数（范腊梅 等，1988）

	全磷	有效磷	铝－磷	铁－磷	氧化态磷	有机磷
茶多酚	−0.135	0.561*	0.573*	0.194	−0.220	−0.232
氨基酸	0.332	0.144	0.139	0.210	0.124	0.362
水浸出物	−0.051	0.578*	0.464*	0.333	−0.239	−0.169

注：*表示差异显著；$r_{0.05}=0.482$，$r_{0.01}=0.606$。

3. 常用磷肥品种

（1）**水溶性磷肥**　如普通过磷酸钙，含P_2O_5 12%～18%，其主要成分是磷酸一钙[$Ca(H_2PO_4)_2$]，易溶于水，肥效较快。

（2）**枸溶性磷肥**　如钙镁磷肥，含P_2O_5 12%～22%，其主要成分是磷酸三钙，微溶于水而溶于2%柠檬酸溶液，肥效较慢。

（3）**难溶性磷肥** 如磷矿粉，含P_2O_5 $10\%\sim35\%$，微溶于弱酸，难以被植物直接吸收利用。

（三）钾素营养

1. 钾素吸收与利用

钾是影响茶树生长发育及产量品质的重要营养元素之一。茶树各器官的钾素含量比氮低、比磷高，属第二大营养元素。新梢钾含量为$2.0\%\sim3.0\%$。

钾能促进茶树光合作用、蛋白质合成以及光合产物向新梢运输。

钾在茶树体内有很强的再利用能力，当茶树缺钾时，衰老部分的钾向幼嫩部位转移，从老叶和成熟叶开始出现症状，叶尖和叶缘出现褐斑并产生卷曲，然后逐步扩大成褐块，并逐步向叶脉和基部发展（图4-7）。如果新叶也出现缺钾症状，说明缺钾的程度已相当严重。当钾过量时，茶树开花结果增多。

图4-7 茶树缺钾症状

2. 钾素营养对茶叶产量、品质的影响

钾素营养对茶树生长有明显的促进作用，随着钾肥用量的增加，茶苗根系快速增加，促进地上部生长（图4-8）。茶叶产量对钾肥用量的响应可以用线性加平台或二次曲线模型表示（图4-9）。低钾用量条件下，茶叶产量随着钾肥用量增加而增加，几乎呈现线性增加（图4-9）；但超过一定用量后，这种增产作用明显减弱，

图4-8 钾肥用量对茶树生长的影响

注：K_0—K_4表示钾肥用量逐渐增加。

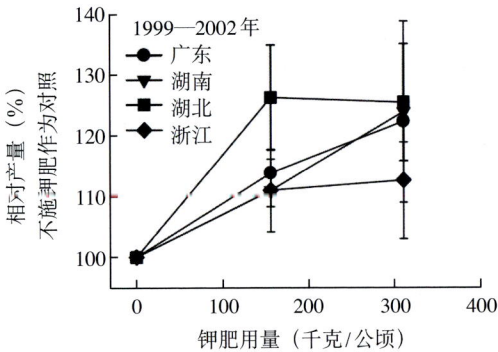

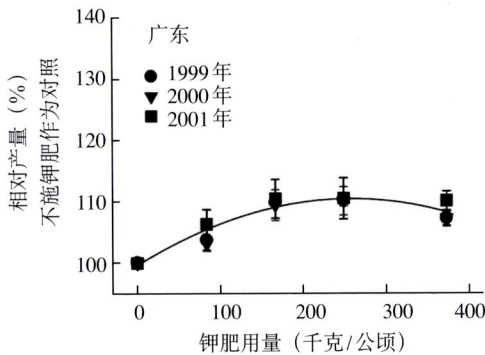

图4-9 不同钾肥用量对茶叶产量的影响（Ruan et al., 2013）

趋于平缓，呈现平台期，如果用量进一步增加，甚至出现产量下降（图4-9）。

钾促进氮的代谢，有利于蛋白质的合成，被称为品质元素。施钾能明显提高茶叶新梢游离氨基酸、水浸出物含量，这对于提升茶叶品质有明显的促进作用（表4-3）。

表4-3 施钾对茶叶新梢品质成分的影响（Ruan et al., 2013）

施肥	游离氨基酸含量（%）	咖啡碱含量（%）	茶多酚含量（%）	水浸出物量（%）
春茶				
NP	3.76a	2.72a	27.80a	33.56a
NPK（KCl）	4.05b	2.83a	28.86a	35.27b
NPK（K$_2$SO$_4$）	4.09b	2.84a	29.19a	35.38b
夏茶				
NP	2.83a	2.13a	22.87a	36.00a
NPK（KCl）	3.08b	2.24a	24.46b	37.90b
NPK（K$_2$SO$_4$）	3.10b	2.26a	24.72b	37.81b

注：同列不同小写字母表示在0.05水平存在显著性差异。

缺钾严重的茶树叶片小而薄，对夹叶增多，每到秋季常会发生大量落叶现象，常会引起茶饼病、云纹叶枯病、炭疽病的发生。施钾能增强茶树自身的抗性，降低病虫害的发生（图4-10），这对于降低农药的使用、提高茶叶品质有明显的促进作用。

土壤中绝大部分的钾以矿物态存在，在风化分解之前，不能被茶树所吸收、利用。与茶树生长有直接关系的是土壤中的有效钾含量（包括交换性钾和水溶性钾），这是衡量土壤钾有效性的指标。一般有效钾含量占全钾含量的比例小于5%。

3. 常用钾肥品种

（1）氯化钾（KCl） 含K$_2$O 50%～60%，呈白色或浅黄色结

茶树云纹叶枯病　　　　　　　　茶树轮斑病

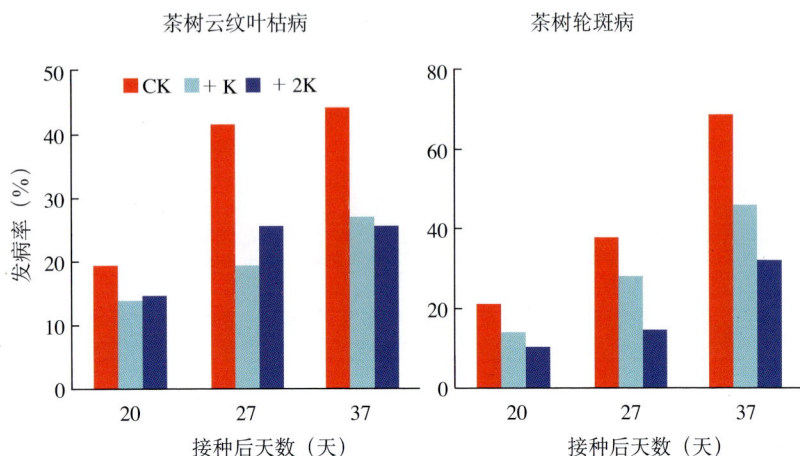

图4-10　施钾对茶树云纹叶枯病和轮斑病的影响（阮建云 等，2003）

晶，有时含有铁盐而呈现红色。吸湿性小，物理性状良好，属于生理酸性肥料。在酸性土壤中，K^+被土壤胶体吸附，很少移动，但生成的盐酸使土壤酸性加强，加速土壤酸化。因含有氯，一般不建议在幼龄茶园使用。

（2）**硫酸钾（K_2SO_4）**　含K_2O 50%～54%，一般呈白色结晶，吸湿性小，不易结块，物理性状良好，是很好的水溶性速效钾肥。属于生理酸性肥料，长期在酸性土壤上使用，使土壤酸性加强，加速土壤酸化。

（四）镁素营养

1. 镁素吸收与利用

镁在茶树体内的含量为0.2%～0.5%，主要存在于幼嫩的器官和组织中，树体中镁的含量以根较高，其次是芽、叶，枝干含量较低。镁是叶绿素的成分之一，直接参与光合作用和磷酸化过程。镁是许多酶的催化剂。茶氨酸合成酶也需要镁，在镁的参与下，才能把谷氨酸与乙胺结合，形成茶氨酸。

镁在茶树体内有很强的移动性，当茶树缺镁时，衰老组织的镁向幼嫩部位转移，首先在成熟叶、老叶的主脉附近出现深绿色带有黄边的V形小区，形成鱼骨形缺绿症。缺镁严重时嫩叶也开始逐步黄化（图4-11）。

图4-11 茶树叶片缺镁症状

与钾素类似，土壤中绝大部分的镁以矿物态存在，在风化分解之前，不能被茶树所吸收、利用。与茶树生长有直接关系的是土壤中的有效镁含量，这是衡量土壤镁有效性的指标。

2. 镁素营养对茶叶产量、品质的影响

缺镁时茶树生长缓慢，产量、品质下降；施镁后，茶树生长状况明显改善，茶树和新梢重量显著增加（表4-4）。

表4-4 缺镁处理下添加镁对茶苗生物量的变化（Ruan et al., 2012）

部位	缺镁处理（克/盆）	施镁处理（克/盆）
新梢	0.1a	1.47b
整株	6.1a	25.6b

注：同行不同小写字母表示在0.05水平存在显著性差异。

施镁处理枝条木质部（图4-12a）和韧皮部（图4-12b）汁液中

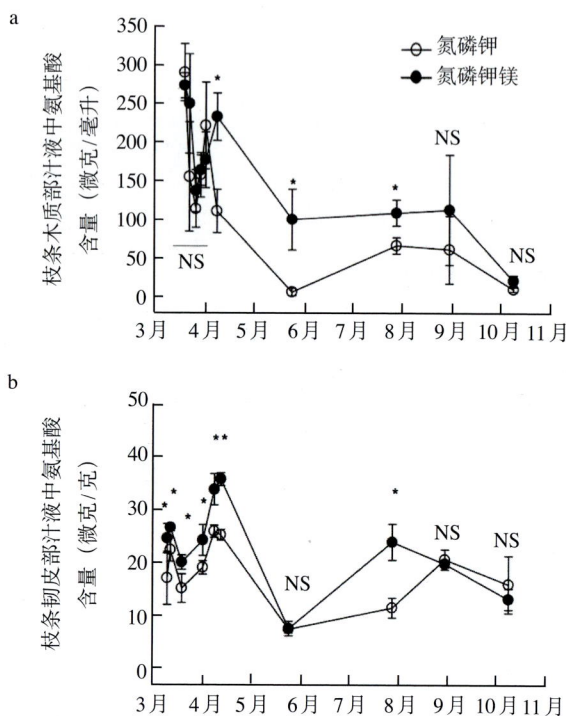

图4-12 镁营养下枝条木质部（a）和韧皮部（b）汁液中
氨基酸含量年动态变化（Ruan et al., 2012）

注：图中*和NS分别表示在同一施肥时间在0.05水平有显著性差异和无差异；**表示在0.01水平有显著性差异。

氨基酸含量明显增加，且对新梢主要氨基酸含量（如茶氨酸、谷氨酰胺）有明显的促进作用（表4-5）。

表4-5 缺镁与不缺镁处理下新梢中氨基酸各组分含量（Ruan et al., 2012）

氨基酸组分	缺镁处理（微摩尔/克）	施镁处理（微摩尔/克）
茶氨酸	59.9	125.1±33.3
谷氨酰胺	15.6	21.4±4.0
谷氨酸	22.8	22.8±1.6

（续）

氨基酸组分	缺镁处理（微摩尔/克）	施镁处理（微摩尔/克）
精氨酸	2.4	9.5±4.6
丙氨酸	9.8	6.9±5.6
天冬酰胺	0.4	0.1±0.2
天冬氨酸	7.0	5.2±0.5
甘氨酸	1.4	1.2±0.4

3. 常用镁肥品种

（1）泻盐　化学式 $MgSO_4 \cdot 7H_2O$，含 MgO 16%。

（2）水镁矾　化学式 $MgSO_4 \cdot H_2O$，含 MgO 29%。

（3）白云石粉　化学式 $CaCO_3 \cdot MgCO_3$，含 MgO 10%～13%。

二、茶树根系与新梢生长

1. 茶树根系结构

茶树根具有吸收、运输、合成、贮藏营养等功能，从土壤中不断吸收养分供树体生长，主要由主根、侧根、细根（也叫吸收根）构成（图4-13）。主根负责空间拓展，不断向地下延伸；侧根搭建根系构架，形成庞大的根系，吸收根吸收养分；吸收根一般

主根　　　　侧根　吸收根

图4-13　茶树根系

寿命短、处于不断衰老更新中，未死亡的则发育成侧根。

实际上，目前茶苗繁育已经由种子发育转变为扦插，根系的结构发生了很大的变化，茶树没有明显的主根，只是形成侧根和吸收根。

2. 茶树根系生长与新梢生长

茶树根系活跃期与新梢生长期并不同步，相互之间存在着明显的交替性，此起彼伏（图4-14）。新梢一般从每年的2月开始萌动，3月生长，一直持续到9—10月，之后茶树进入休眠期。在茶树年生长周期中，春茶、夏茶结束后地上部会出现短暂的休眠期，秋茶结束后茶树出现一个长达3～4个月的休眠期。

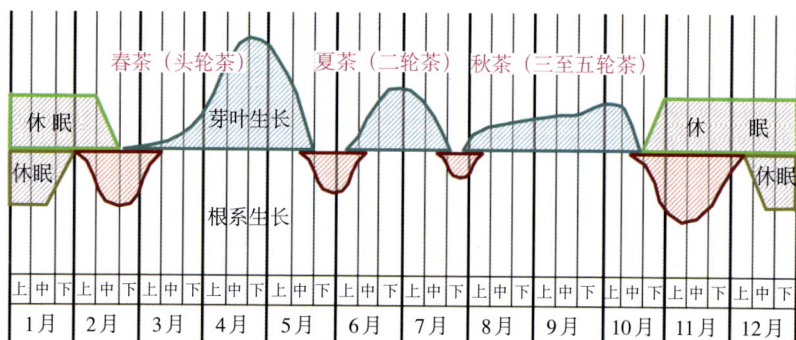

图4-14　茶树新梢与根系生长情况年周期（以杭州为例）（王立提供）

当地上部出现休眠时，根系处于生长活跃期（在气温特别低的冬季，根系也会出现休眠），此时供应养分，茶树对养分的吸收较快。但即使在气温低的冬季，根系停止生长、地上部深度休眠的情况下，通过 ^{15}N 示踪发现，茶树根系依然具有较强的氮素吸收并向地上部转运的能力。根系吸收的氮素储存于茶树的根系、枝条和成熟叶中，供春季茶树新梢生长重新分配和利用（图4-15）。

茶叶品质以春茶为最好，其中早春茶品质尤佳，而储藏氮素的再利用是造成这种品质差异的重要原因。因此，将春茶采摘前氮肥追施时间提前（春茶第一次开采前40～50天），有利于强化茶树的氮素储藏，提高春茶的氮素利用效率。

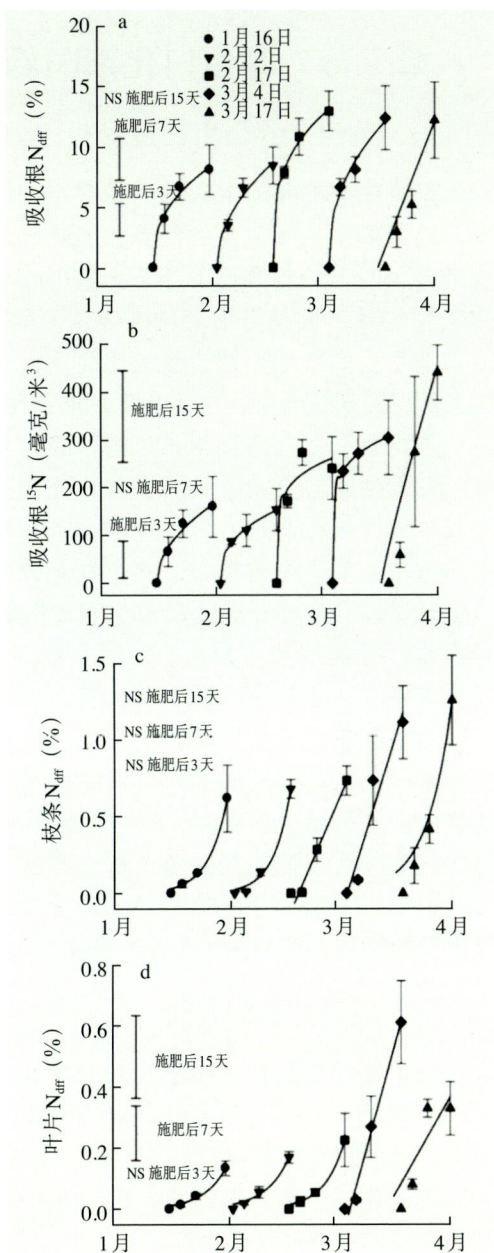

图4-15 不同施肥时期下茶树根系（a，b）、枝条（c）和叶片（d）中^{15}N含量及N_{dff}动态变化情况（Ma et al.，2019）

注：图中竖条和NS分别表示在同一施肥时间在0.05水平有显著性差异和无差异。

第二节 叶色白化茶园施肥与茶树生长

一、茶树营养与生长过程

茶树地上部和地下部的生长存在一定的平衡、相互促进的关系，地下部生长所需要的营养和能量靠地上部供给，而地上部生长所需要的养分需要地下部从土壤中吸收。茶树地上部和地下部的生长关系，可以用根冠比来表示。幼龄茶树地上部枝条稀疏，地下部生长大于地上部，根冠比往往大于1；当茶树进入成年期，地上部已经形成骨架，枝多叶茂，根冠比就会小于1。

茶树生长存在两种生长过程，即营养生长过程和生殖生长过程。营养生长与生殖生长二者既相互促进又相互制约，茶树营养生长扩大了根系和枝叶，促进营养吸收和物质合成，导致生殖器官的形成，促进个体发育，使茶树有效地繁殖后代。但营养生长过于旺盛，会使生长中心转移、枝叶旺盛，消耗了体内大量的营养物质，抑制生殖生长，生殖生长过旺，会造成生长中心转移，导致花果多（吴洵，郑岳云，2003）。

施肥既能促进茶树营养生长又能促进生殖生长，但不同的营养元素和不同的施肥时间对两者的作用和效果存在差异。就营养元素而言，氮促进营养生长效果比磷、钾要明显得多，相反，磷、钾促进生殖生长的效果比氮要好。茶树是叶用经济作物，所以茶园施肥要以氮素为主，氮、磷、钾及微量元素相互配合，促进营养生长的发展，抑制生殖生长的发生（吴洵，郑岳云，2003）。

二、施肥与茶树生长

与正常绿茶品种（如龙井43）相比，在相同施肥条件下，白叶一号的树高、主干直径、树幅要明显小于龙井43，而且产量、新梢养分利用率显著降低（表4-6）。由表4-7可知，适当减少白叶一号施肥量，并不会对其生长造成不利影响；增加施肥次数，有利于促进白叶一号茶树生长。

表4-6 不同茶树品种对茶树生长的影响（杨清霖等，2020）

处理	树高 （厘米）	主干直径 （厘米）	树幅 （厘米）	产量 （千克/公顷）	新梢养分利用率 （%）
白叶一号	78.0a	1.02a	60.5a	234.8a	13.1a
龙井43	127.7b	1.67b	101.8b	317.5b	41.5b

注：同列不同小写字母表示0.05水平具有显著性差异，下同。

表4-7 不同施肥用量、次数对茶树生长的影响（杨清霖等，2020）

处理	产量（千克/公顷）	修剪物（吨/公顷）
常规适宜用量施肥—一年施4次	234.8a	4.8a
化肥减施25%—一年施4次	235.8a	6.4b
化肥减施25%—一年施7次	260.8a	10.5c

由此可见，白化茶品种植株矮小、生长势弱、根系不发达，对肥料的需求不是太高，因此在施肥上有别于正常绿茶品种，要求少量多次施。

三、施肥与新梢品质

叶色白化茶品质主要表现为两个方面：①外观，色泽白亮；②内质，口感鲜爽醇厚。因此，叶色白化茶品质好坏与叶绿素、氨基酸含量直接相关。

低温的早春，白叶一号从萌动开始到1芽1叶初展，芽头呈绿色，初展叶呈浅绿色；之后随着气温的升高，叶子逐渐由浅绿色变为乳白色，进一步变为全白，但主脉仍呈浅绿色；暮春气温继续上升，叶片逐渐以叶脉为中心从全白开始转绿，最后变为全绿（图4-16）；进入夏季后，全年不再观察到白化现象。相关研究表明，春季白叶一号白化启动温度一般为17～19℃，超过23℃开始转绿。如果白叶一号茶树直接处于25℃环境中，新生长的叶片不会白化，而是一直呈现绿色（李素芳等，1994）。

白化初期　　　　　　　　白化期

全白期　　　　　　　　返绿期

图4-16　白叶一号品种茶树新梢叶色返白—复绿过程

叶色白化茶新梢叶绿素含量在返白过程中持续下降，在复绿过程中叶绿素含量又持续增加（图4-17）。

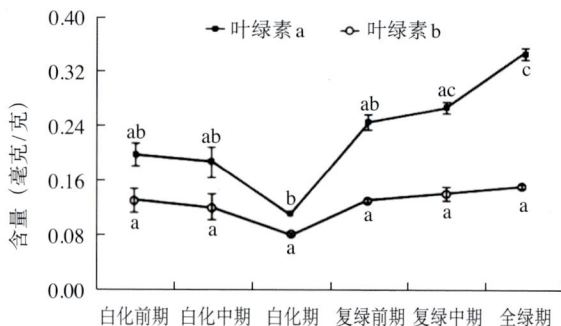

图4-17　白叶一号新梢白化—复绿过程中不同时期叶绿素含量变化（李勤等，2019）

注：同行不同小写字母表示0.05水平具有显著性差异。

从白叶一号新梢游离氨基酸总量与叶绿素含量的关系来看（图4-18），白化初期，新梢中叶绿素含量较高，游离氨基酸总量

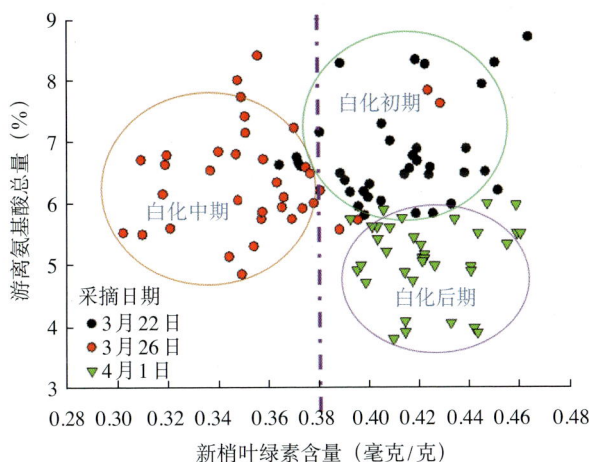

图4-18　白叶一号新梢游离氨基酸总量与叶绿素含量的关系

也较高；白化中期，新梢中叶绿素含量下降，但游离氨基酸总量也开始下降；白化后期，新梢中叶绿素含量增加，游离氨基酸总量持续下降。由此可见，对于叶色白化茶，并不是白化程度越高品质越好，适度增加叶绿素含量有利于提高新梢品质，这对于科学施肥具有明显的理论指导价值。

叶色白化茶叶高氨基酸的原因是，一方面氨基酸合成蛋白质的途径被中止，另一方面蛋白质分解成氨基酸（图4-19）。跟其他

图4-19　叶色白化茶树品种茶叶高氨基酸原因

43

品种一样，新梢游离氨基酸含量与氮含量呈显著正相关关系，与早期、中期成熟叶氮含量呈显著的正相关关系，说明叶色白化茶氨基酸含量的高低与氮肥施用直接相关（图4-20），因此叶色白化茶需要施用一定量的氮肥来提高新梢氨基酸含量。

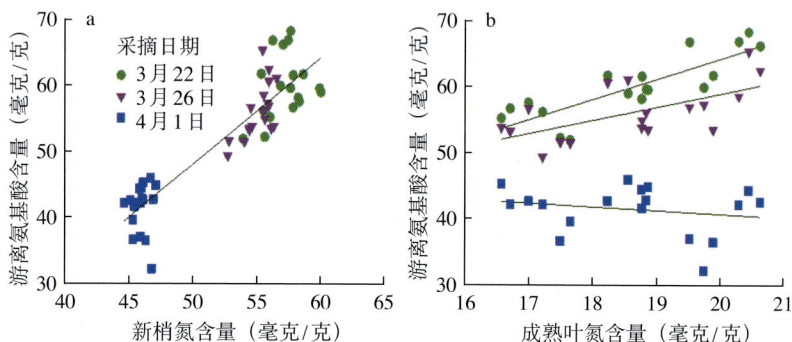

图4-20 白叶一号新梢（a）和成熟叶（b）中氮含量与游离氨基酸含量的关系

PART 05 第五章

叶色白化茶园施肥指标

第一节　茶园施肥指标的确立依据

叶色白化茶园施肥需要根据区域茶园土壤状况，结合叶色白化茶树吸肥特性来进行施肥指标的确立。

氮肥施用采用全年"总量控制、分期调控"的原则，需给出全年的总量、作基肥和追肥的用量。根据叶色白化茶吸肥特性，确定施肥次数及各时期施肥的比例；再根据茶树生长动态观测，对施肥比例进行合理调优。这样通过分期调控，实现氮肥用量调控。磷、钾肥施用采用"基准养分配比、测土调整"的原则，当土壤有效态磷、钾含量处于累积或丰富时，可采用少量施肥来限制磷、钾肥投入，缺乏时则提高磷、钾肥投入。中微量元素施用采用"因缺补缺"的原则，当镁、锌、硼等中微量元素缺乏时，采用补充养分的方法来提高其在土壤中的含量。

第二节　茶园施肥指标制定

一、氮素总量控制、磷钾基准养分配比和中微量元素因缺补缺

根据叶色白化茶树养分吸收需求特性，制定合理但不过量的用量限量标准，提出氮素总量控制、磷钾基准养分配比、中微量元素因缺补缺的技术路线，通过测土结果进行养分调整。

根据氮素的总体稳定性将茶园全年氮肥用量控制在一个合理的范围之内，再根据氮素局部变异性，在合理范围内进行氮肥用量的分配。根据磷、钾、镁土壤有效含量，将磷、钾、镁肥用量控制在适宜范围内，以满足叶色白化茶产量、品质需求，以获取最大经济效益。茶树对微量元素需求量少，但通过因缺补缺施用微肥是对平衡施肥的补充，可达到施肥量小、作用大的效果。

叶色白化茶树品种的施肥量与其他茶树品种相比有所不同，应尽量做到控氮（全年氮肥用量总量控制）、限磷（严格限制磷肥用量）、保钾（保证钾肥用量）。叶色白化茶园氮肥总量控制、磷钾镁肥合理配比和微量元素因缺补缺的养分指标见表5-1。

表5-1　叶色白化茶园氮肥总量控制、磷钾肥合理配比和微量元素因缺补缺的养分指标

	养分	用量定额	备注
大、中量元素	氮（N）	13.0～16.0千克/亩	上述氮肥定额用量为全年用量。有机肥中的氮计入定额，有机肥替代化肥的适宜比例为总施肥量（以N计）的20%～30%。磷、钾、镁肥根据产量和土壤养分含量进行调整
	磷（P_2O_5）	4.0～6.0千克/亩	
	钾（K_2O）	4.0～8.0千克/亩	
	镁（MgO）	0.8～2.0千克/亩	
微量元素	硫酸锌（$ZnSO_4 \cdot 7H_2O$）	0.7～1.0千克/亩	根据土壤测试，缺乏时使用
	硫酸锰（$MnSO_4 \cdot H_2O$）	1.0～2.0千克/亩	
	硫酸铜（$CuSO_4 \cdot 5H_2O$）	0.3～0.5千克/亩	
	硼砂（$Na_2B_4O_7 \cdot 10H_2O$）	0.2～0.4千克/亩	

二、土壤养分丰缺指标及施肥建议

土壤养分丰缺指标法是一种基于土壤分析测试结果指导施肥的方法，在推荐施肥时，通过土壤有效养分含量测定值，给出适宜的施肥建议。土壤大、中量元素丰缺指标见表5-2，土壤微量元

素丰缺指标见表5-3。

表5-2　基于土壤分析的茶园土壤大、中量元素丰缺指标

营养元素	分析方法	测定值（毫克/千克）	丰缺状况	施肥建议
磷（P）	布雷1法	≤15	缺乏	按表16上限施用
	麦雷克3法	≤19	缺乏	按表16上限施用
	布雷1法	>15	适宜	按表16下限施用
	麦雷克3法	>19	适宜	按表16下限施用
钾（K）	中性醋酸铵法	≤80	缺乏	按表16上限施用
	麦雷克3法	≤100	缺乏	按表16上限施用
	中性醋酸铵法	>80	适宜	按表16下限施用
	麦雷克3法	>100	适宜	按表16下限施用
镁（Mg）	中性醋酸铵法	≤40	缺乏	按表16上限施用
	麦雷克3法	≤45	缺乏	按表16上限施用
	中性醋酸铵法	>40	适宜	按表16下限施用
	麦雷克3法	>45	适宜	按表16下限施用

注：①布雷1法（Bray1）浸提剂组成：0.03摩尔/升NH_4F，0.025摩尔/升HCl。②麦雷克3法（Mehlich Ⅲ）浸提剂组成：0.2摩尔/升CH_3COOH，0.25摩尔/升NH_4NO_3，0.015摩尔/升NH_4F，0.013摩尔/升HNO_3，0.001摩尔/升EDTA。③中性醋酸铵法：1摩尔/升醋酸铵，pH=7.0。

表5-3　基于土壤分析的茶园土壤微量元素缺乏指标

营养元素	分析方法	测定值（毫克/千克）	施肥建议
锌（Zn）	稀盐酸法	≤1.0	补充
	麦雷克3法	≤1.5	补充
锰（Mn）	稀盐酸法	≤30	补充
	麦雷克3法	≤35	补充
铜（Cu）	稀盐酸法	≤0.5	补充
	麦雷克3法	≤1.0	补充

（续）

营养元素	分析方法	测定值（毫克/千克）	施肥建议
硼（B）	稀盐酸法	≤0.5	补充
	麦雷克3法	≤2.7	补充

注：①麦雷克3法（Mehlich Ⅲ）浸提剂组成：0.2摩尔/升CH_3COOH，0.25摩尔/升NH_4NO_3，0.015摩尔/升NH_4F，0.013摩尔/升HNO_3，0.001摩尔/升EDTA。②稀盐酸法：0.1摩尔/升盐酸。

第三节　分期调控

一、施肥时期

叶色白化茶春茶产量和品质直接影响茶农的经济效益，因此春茶追肥（催芽肥）的时期很重要，在茶叶开采前50天左右施肥，肥料的利用效率最高（图5-1）。

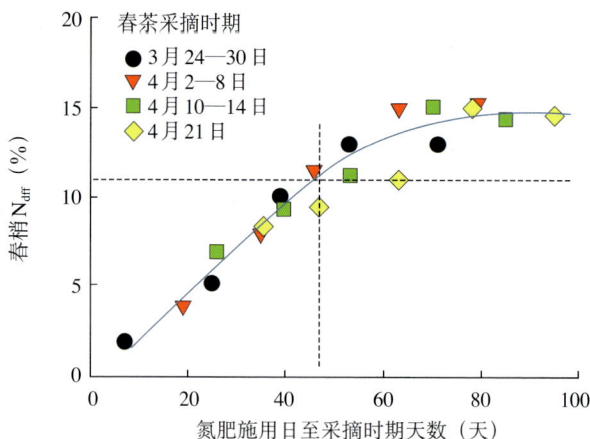

图5-1　春茶氮素吸收利用与早春追肥和采摘间隔天数的关系

根据叶色白化茶树生长、吸肥特性，施肥遵循少量多次的方式进行，一般全年施3 ~ 4次肥料（1基2 ~ 3追），即基肥（9月底至10月上中旬）、催芽肥（开采前40 ~ 50天）、夏茶追肥（春茶结束或5月上中旬）和秋茶追肥（夏茶结束或7月底8月初），具体根据区域气候特点调整。

二、施肥方法

茶园施肥的目的就是提供养分，保证茶树的正常生长，充分提高茶叶产量和品质。因此，施肥方式上应做到基肥深施、早施，催芽肥早施。

通过^{15}N示踪方法发现，表面撒施方式氮素的利用效率最低，开沟深施有利于氮素的吸收利用（图5-2），对茶叶有明显的增产作用。因此，在施用基肥时提倡开沟深施15～20厘米，有条件的茶园可以借助机械进行施肥；追肥可以适当浅施（深度5～10厘米），或者借助机械进行。

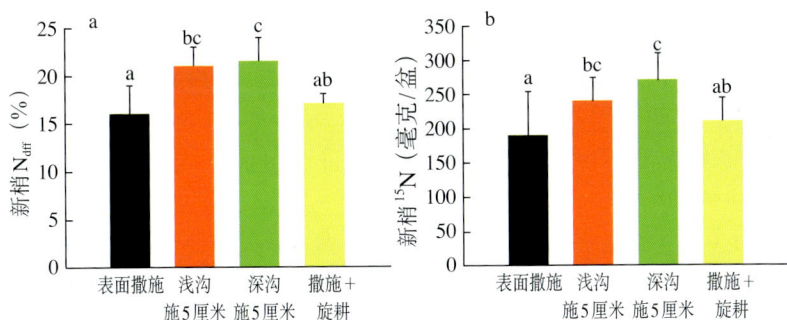

图5-2 不同施肥方式对茶叶新梢N_{dff}（a）和^{15}N吸收（b）情况

注：不同小写字母表示0.05水平上有显著性差异。

施肥位置显著影响茶树养分的吸收，茶树的根系主要分布在10～30厘米的土层中，基肥深施15～20厘米效果最好，追肥可以开浅沟5～10厘米施肥或撒施＋浅旋耕效果较好。

三、全年施肥用量配比

（一）有机肥比例

有机肥适宜比例为总施肥量（以N计）的20%～30%，有机肥用量计入全年施肥用量。无机肥的用量按照定额用量减去有机肥用量后获得。

（二）全年施肥比例

氮肥全年用量的30%作为基肥，其余的作为追肥在春茶前、夏茶前、秋茶施用，比例分别为30%、20%、20%。

第四节　配套措施

一、树冠培育

立体树冠培育的好坏直接影响白化茶产量，因此必须培育良好的树冠来保证产量。

（一）茶树树高适中

叶色白化茶树（如白叶一号）树高普遍较低，达不到理想的覆盖度和芽叶密度，如果茶树太高会有减少光合产物以及不利于采摘等弊端。因此，合理的树高应控制在80～100厘米。

（二）树冠相对宽大

茶树应具有宽大的采摘面，以保证产量的形成，树冠覆盖度应在85%以上。

（三）分枝结构合理

合理的分枝结构一方面能保证茶树具有良好的通风性，减少病虫害的发生；另一方面可使枝干粗壮有活力，具备良好的养分运输能力，保证茶叶产量、品质的形成。因此，叶色白化茶树应具有骨干枝粗壮、分布均匀，分枝层次多而清楚，生产枝健壮而茂密的状态。

（四）叶层厚度适当

茶树物质的累积主要通过叶层光合作用来完成，适当的叶层厚度可提高净光合效率，立体采摘的叶色白化茶树应具有40厘米以上的叶层。

二、春茶结束后的重修剪技术

（一）修剪作用

叶色白化茶树生长势相对弱，重修剪后茶树分枝结构更合理、生产枝条更粗壮，有助于增强其生长势，提高茶叶产量和品质。

（二）修剪时间、方式

第1次修剪时间一般在春茶结束后进行，可结合区域气候特点，避开雨期以防止剪口发霉，一般在离地40～50厘米处进行修剪；如茶树生长势很弱，修剪可以再往下压10～20厘米。

如果叶色白化茶树生长过于旺盛，建议进行第2次修剪，在上一次剪口处提高10～15厘米修剪，时间在6月中下旬至7月上中旬，但注意避开高温干旱时期，以防止修剪后茶树缺水而秋梢不长。

三、深秋季的轻修剪技术

（一）修剪作用

全年茶季结束后，随着气温下降，茶树枝条顶端尚有部分未成熟芽叶（图5-3左）会消耗大量树体营养，这些未成熟芽叶作为翌年春茶发芽的母叶十分不理想，应对未成熟芽叶进行修剪，减少养分消耗，有利于翌年春茶早发芽、发壮芽。同时，促进木质化，有利于茶树度过寒冬。

（二）修剪时期、方式

轻修剪程度应控制在树冠层3～5厘米枝叶，修剪时间应根据茶园所在区域气候状况评估，在茶树地上部进入休眠后进行，气候较冷区域视情况修剪，无冻害地区一般在10月中下旬至11月上旬进行轻修剪。轻修剪的工具可采用篱剪或修剪机，轻修剪后的茶树切口应平滑没有破损（图5-3右）。

51

图5-3　深秋季茶树进行轻修剪（左为未成熟叶，右为修剪效果）

匹配叶色白化茶营养需求的绿色高效肥料产品

第一节　茶树配方肥

一、茶树配方肥特点

茶树配方肥是针对某一类茶树，根据其生长、需肥特性，结合茶园土壤营养状况而配制的一种多元素复合肥料。这类肥料具有营养元素平衡、养分利用率高等优点。

由于我国茶区分布广，土壤质地、气候条件、生产茶类等影响因素不同，各茶区茶树配方肥配方各不相同。

图6-1　叶色白化茶配方肥

在叶色白化茶区域，通过茶园土壤测定结果和白化茶养分吸收特点，提出了区域配方肥配方，再根据试验示范效果进行优化调整，形成了 $N-P_2O_5-K_2O$ 配比为21-6-13的叶色白化茶专用配方肥产品（图6-1）。

二、茶树配方肥使用技术

经过大量的试验示范验证，该茶树配方肥对叶色白化茶树具有稳定良好的产量、品质效果。

茶树专用配方肥一般在每年基肥时期施用，用量为40～60千克/亩，与有机肥配合施用效果更好（配合使用时可以降低用量，一般为20～30千克/亩）。如果作为追肥使用，用量一般为10～15千克/亩。

第二节　含硝化抑制剂功能性肥料

一、硝化抑制剂作用

硝化抑制剂通过抑制硝化细菌的活性来抑制土壤中的硝化反应，使氮素能够以铵态氮的形式较长时间地吸附在土壤中供茶树吸收，以减少硝态氮在土壤中的累积，从而减少硝态氮的淋溶风险，达到提高肥料利用率的目的。

二、硝化抑制剂种类

常见硝化抑制剂主要有：2-氯-6-（三氯甲基）吡啶（CP）、双氰胺（DCD）、3,4-二甲基吡唑磷酸盐（DMPP）。

三、含硝化抑制剂功能性肥料使用技术

在叶色白化茶区域，经过大量的试验示范验证，含硝化抑制剂的茶树功能性肥料（N-P_2O_5-K_2O配比为22-8-12）获得了极佳的产量、品质效果，同时具有良好环境效应（图6-2）。

含硝化抑制剂的茶树功能性肥料在每年基肥施用时期施用，用量为30～50千克/亩，与有机肥配合施用效果更佳（配合使用时可以降低用量，一般为20～25千克/亩）。

图6-2　含硝化抑制剂茶树功能性肥料

第三节　叶　面　肥

一、叶面肥特点

叶面肥是指将茶树所需养分直接喷施在叶片表面，通过叶片的吸收而发挥其功能的肥料。叶面肥具有喷施用量少、养分利用率高、见效快、经济效益高等特点。叶面肥只能作为根系吸收养分的补充，而不能作为茶树养分的主要来源。

某些养分如磷、锰、铜、锌等在土壤中容易被固定而影响其有效性，可以用叶面施肥的方式补充，其不受土壤条件的影响，吸收性较好。

二、叶面肥种类

叶面肥（图6-3）根据作用与功能，可分为营养型、调节型、生物型和复合型4大类。

（一）营养型

含有氮、磷、钾和中微量元素，可以是单元素肥，也可以是多元素肥，主要是改善作物的营养状况。

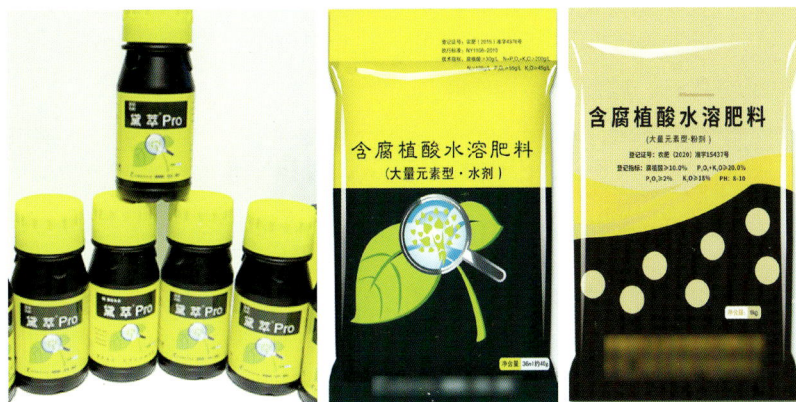

图6-3　叶面肥

（二）调节型

含有调节作物生长的物质，如生长素，主要是调节作物的生长和发育。

（三）生物型

含有微生物和代谢物，如氨基酸，主要是刺激作物生长、促进新陈代谢。

（四）复合型

有多种混合方式，既可以提供营养，又可以调控生长。

三、叶面肥使用技术

（一）喷施时期

1. 全年茶季结束、茶树进入深度休眠后（11月上中旬）第1次喷施叶面肥于树冠面，间隔2周后再喷施第2次。

2. 翌年2月初（芽叶萌动前）第1次喷施叶面肥于树冠面，间隔2周后再喷施第2次。

（二）注意事项

1. 叶面肥的施用效果与肥料浓度有较大关系，浓度过低效果差，浓度过高容易灼伤叶片。

2. 喷施叶面肥时叶片正反面都喷洒到，因为叶片背面气孔也较多，吸肥能力比叶片正面强。

3. 喷施时间一般选择在傍晚。早上有露水，肥料易稀释流失；中午有烈日，喷肥容易灼伤叶片。

第四节　土壤调理剂

一、土壤调理剂作用

土壤调理剂指加入土壤中用于改善土壤的物理、化学、生物性状的物料（图6-4），主要功能如下：

（一）调节土壤酸碱度

对于pH<4.0的强酸性土壤，必须进行土壤酸化改良，一般调

节 pH 至 5.0 后停止施用土壤调理剂。

（二）改良土壤的物理结构

对于土壤板结茶园，可以施用土壤调理剂，打破板结，增强土壤通透性，达到疏松土壤的目的。

二、土壤调理剂种类

（一）矿物源调理剂

矿物源调理剂主要有牡蛎壳、石灰石、白云岩、膨润土等，具有特殊物理性质，可用于调理土壤的酸度和结构。

图6-4　土壤调理剂

（二）生物炭

生物炭和一般的木炭一样是生物质能原料经热裂解之后的产物，其主要的成分是碳分子。

生物炭中丰富的有机大分子和发达的孔隙结构对土壤疏松和营养物质的吸附和保持具有重要的作用。

（三）微生物菌剂

土壤微生物是土壤有机质和土壤养分转化和循环的动力，微生物菌剂中的有益微生物能产生糖类物质，可以改善土壤团粒结构，防止土壤板结，保持土壤透气性强；微生物能分解土壤中的有机质，具有解磷、解钾、固氮的作用，能提高土壤肥力；改善茶树根际营养环境，提高其对养分的利用效率。

三、土壤调理剂使用技术

（一）土壤酸化改良剂

土壤酸化改良剂适合在施基肥时与其他肥料一起施用，施土壤酸化改良剂 50 ~ 100 千克/亩，连续施 2 ~ 3 年，直到 pH 提高到 5.0 以上为止。

（二）土壤板结改良剂

在施基肥时与其他肥料一起施用，施土壤调理剂 50 ~ 100 千

克/亩和（或）使用菌剂250～500克/亩，可连续施2～3年，之后视情况隔几年施用一次。

第五节　有 机 肥

一、有机肥特点

有机肥营养物质全面、有效成分含量低、养分释放缓慢，不能满足茶树在生长季节对养分需求量大、吸收快的要求，但能很好地改良土壤物理结构。

二、有机肥种类

有机肥主要包括植物源有机肥、动物源有机肥。植物源有机肥使用较多的主要包括饼肥、绿肥等；动物源有机肥使用较多的主要为畜禽粪肥。

（一）饼肥

主要有菜籽饼、大豆饼、花生饼、棉籽饼、茶籽饼等。特点：营养成分完全、有效成分含量高、氮素含量丰富、碳氮比低，施到茶园后养分释放迅速，既可作基肥，也可在堆腐后作追肥。

（二）绿肥

指用作肥料的绿色植物体。绿肥是一种养分完全的生物肥源。特点：改善土壤理化性质，增加土壤肥力，保持土壤水分，促进茶树生长。

（三）畜禽粪肥

指猪粪、鸡粪、羊粪等。特点：养分含量比较高，不宜直接施于茶园，腐熟后再使用。

（四）商品有机肥（图6-5）

它是采用物理、化学、生物的处理技术，将各种畜禽废弃物和植物残体经过一定的加工工艺，消除其中的有害物质，达到无害化标准而形成的符合国家相关标准及法规的一类肥料。如果与特定功能的微生物进行二次固体发酵，便成为兼具微生物肥料和有机肥效

图6-5 商品有机肥

应的生物有机肥。

三、有机肥使用技术

有机肥适合作为基肥，在全年茶季结束、茶树进入休眠后施用，一般施饼肥100 ~ 150千克/亩或者商品有机肥150 ~ 200千克/亩，而且需要深施（深度15 ~ 20厘米），施用后须覆盖。

59

叶色白化茶园绿色高效施肥技术模式

第一节　茶园管理技术

一、茶园水分管理

叶色白化茶根系不发达，抗旱能力相对较弱，在干旱季节需要早晚补水，保证其正常生长。但叶色白化茶又不耐涝，积水容易使其根系腐烂，导致茶树生长受抑，甚至死亡，应及时做好排水。

根据茶园地势、茶园规模，在茶园地低洼处因地制宜地修建不同规格、数量的蓄水池。在茶园中开排水沟，雨量充足季节，雨水通过排水沟流入蓄水池，有利于洪涝时茶园排水，解决茶园积水问题；在雨量不足季节，可以利用蓄水池中的水浇灌茶园，缓解旱情，解决缺水的问题。

开挖排水沟时，横沟按茶行走向开挖，与纵沟（纵坡向设计）相连，纵沟避免直上直下，要求有适当迂回。在横沟、纵沟中每隔一段距离最好能设置一个沉淀泥沙的小坑（减缓流速，减少水土流失）。

二、茶园施肥管理

（一）养分损失途径

肥料施入土壤后，主要通过硝化作用淋溶损失，其次为地表径流损失，还有一部分为氨化、反硝化挥发损失。

（二）施肥基本原则

1. 以无机肥为主，有机肥与无机肥相结合

无机肥具有养分含量高、养分释放速率快、运输方便、施用成本低、增产提质效果好等特点，容易被茶农所接受。

但长期大量施无机肥容易造成土壤板结、酸化等，土壤质量下降迅速。而有机肥是一种全营养肥，具有养分释放缓慢、改土作用明显等优点，化肥与有机肥配合使用才能相互取长补短，提高养分利用效率。

2. 以氮为主，氮肥与磷、钾肥和其他微量元素肥相结合

茶树是叶用作物，在所有养分元素中，氮素的增产效果是最好的，但其他营养元素也不能缺少，应做到平衡施肥。

3. 重视基肥，基肥与追肥相结合

基肥是所有施肥中最重要的环节，其重要性在于茶树经过一年生育、修剪和采摘，树体营养基本耗尽，此时需要及时补充养分，供翌年春季新梢生长。如果此时养分得不到有效补充，会造成翌年茶叶产量和品质下降，尤其是目前只采春茶一季的采摘模式下，更应重视基肥的使用。追肥能够补充茶树在生长季由于采摘等带走养分的消耗，促进当季新梢正常生长，提高茶叶产量和品质。

施肥时同时进行开沟作业，也意味着对茶园进行耕作，使得土壤疏松，促进根系生长。

4. 以根部施肥为主，根部施肥与叶面施肥相结合

茶树需要大量的营养物质以满足自身的生长需要，虽然叶面施肥见效快，但肥效短、养分量小，远远满足不了茶树的营养需求，还得通过根系吸收养分满足生长需要。叶面施肥只是对根系吸收营养的补充，切不可本末倒置。选择叶面肥时不宜选用激素类叶面肥，以氨基酸类叶面肥为好。

（三）施肥管理技术途径

为提高茶园施肥效率，促进茶产业绿色发展，达到茶叶高产优质目的，可以从精准养分用量、调整肥料结构、有机肥替代部

分化肥、改进施肥方法和配套土壤改良等5个方面着手（图7-1）。

1. 精准养分用量

根据叶色白化茶树养分吸收需求特性，制定合理但不过量的养分用量标准，提出氮素总量控制、磷钾基准养分配比、中微量元素因缺补缺的技术路线，通过测土结果确定养分用量。

2. 调整肥料结构

根据茶树养分的需求特性，配制养分配比合理的茶树专用肥，是提升施肥效率的重要技术措施。

传统复合肥采用等养分配比，氮、磷、钾配比不合适，导致土壤中磷累积、钾过量。

功能性肥料包括茶树专用肥、含硝化抑制剂肥料产品、矿源腐植酸钾生物有机肥、功能性叶面肥等。它的使用避免了传统复合肥的不足，提高了肥料利用率。

3. 有机肥部分替代化肥

利用有机肥缓效、改土作用明显等特性，弥补化肥的不足。有机肥部分替代化肥显著提高了茶叶产量、氮素吸收和利用效率。

4. 改进施肥方法

通过调整施肥时期、施肥部位等措施来增加茶树对养分的吸收。

春茶前追肥时期对春茶氮素吸收有重要影响，以采茶前40 ～ 50天为宜。

施肥位置显著影响茶树养分的吸收。茶树的根系主要分布在10 ～ 30厘米的土层中，基肥深施15 ～ 20厘米效果最好，追肥可以开浅沟5 ～ 10厘米施肥或撒施＋浅旋耕效果较好。

通过高效施肥方式来提高施肥效率，如由机械施肥、水肥一体化等代替人工施肥。

5. 土壤改良

疏松、结构良好的土壤对提高茶叶品质影响巨大。通过种植绿肥、施用土壤改良剂、耕作等措施来提高土壤pH、降低土壤容重、改善土壤通透性，改变土壤的水热状况，促进土壤微生物的生长和繁衍，达到提高土壤质量的目的。

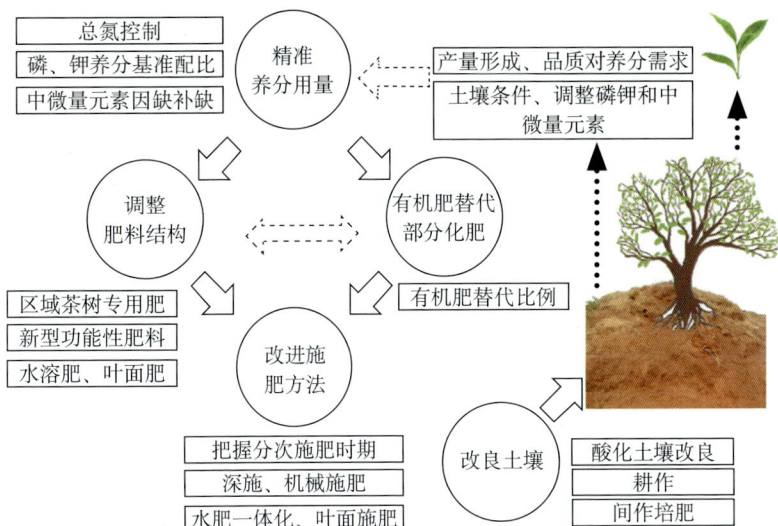

图7-1 茶树养分综合管理技术路线和主要环节（阮建云等，2020）

第二节 叶色白化茶园施肥技术模式介绍

一、"有机肥＋茶树专用肥"高效施肥技术模式（表7-1、图7-2）

表7-1 "有机肥＋茶树专用肥"高效施肥技术模式

项目	管理	详细内容
施肥时期及用量	基肥	全年茶季结束（茶树进入休眠期），施饼肥100～150千克/亩（或商品有机肥瑞壤等150～200千克/亩）、茶树专用肥（N-P$_2$O$_5$-K$_2$O 21-6-13或相近配方）20～30千克/亩
	春茶追肥	春茶开采前40～50天，施用尿素（或含腐植酸尿素）5～6千克/亩
	夏秋茶追肥	春茶结束（5月上中旬）或7月底8月初，施用茶树专用肥（N-P$_2$O$_5$-K$_2$O 21-6-13或相近配方）15～20千克/亩＋含腐植酸尿素5～6千克/亩
	叶面肥	11月中下旬喷氨基酸类叶面肥（如黛翠等）1次，间隔2周后再喷1次。翌年2月初（芽叶萌动前）喷1次，间隔2周后再喷1次

（续）

项目	管理	详细内容
施肥方式	基肥	人工开沟15～20厘米，施肥后覆土，或结合机械深施
	追肥	人工开沟5～10厘米，施肥后覆土，或结合机械翻耕
	叶面肥	施用浓度按说明书进行；成熟叶面正反面都喷到，避开晴天正午和下雨天，如施用后下雨可再补喷一次。建议无人机喷施
配套措施		（1）春茶结束后进行重修剪（离地40～50厘米处剪去）。 （2）无冻害地区10月中下旬至11月上旬进行轻修剪，剪去3～5厘米枝叶
其他措施		（1）酸化土壤（pH<4.0）：调理剂（牡蛎粉）50～100千克/亩。 （2）茶树根系不理想：促根剂（根琛）20～50克/亩＋菌剂250～500克/亩

图7-2　白叶一号生产茶园"有机肥＋茶树专用肥"高效施肥模式示范

二、"有机肥＋含硝化抑制剂功能肥料"高效施肥技术模式（表7-2、图7-3）

表7-2　"有机肥＋含硝化抑制剂功能肥料"高效施肥技术模式

项目	管理	详细内容
施肥时期及用量	基肥	全年茶季结束（茶树进入休眠），施饼肥100～150千克/亩（或商品有机肥瑞壤等150～200千克/亩）＋含硝化抑制剂功能肥料（$N\text{-}P_2O_5\text{-}K_2O$ 22-8-12或相近配方）20～25千克/亩

（续）

项目	管理	详细内容
施肥时期及用量	春茶追肥	春茶开采前40～50天，施用尿素（或含腐植酸尿素）5～6千克/亩
	夏秋茶追肥	春茶结束（5月上中旬）或7月底8月初，施用含硝化抑制剂功能肥料（N-P_2O_5-K_2O 22-8-12或相近配方）10～15千克/亩＋尿素（或含腐植酸尿素）5～6千克/亩
	叶面肥	11月中下旬喷氨基酸类叶面肥（如黛翠等）1次，间隔2周后再喷1次。翌年2月初（芽叶萌动前）喷1次，间隔2周后再喷1次
施肥方式	基肥	人工开沟15～20厘米，施肥后覆土，或结合机械深施
	追肥	人工开沟5～10厘米，施肥后覆土，或结合机械翻耕
配套措施		（1）春茶结束后进行重修剪（离地40～50厘米处剪去）。 （2）无冻害地区10月中下旬至11月上旬进行轻修剪，剪去3～5厘米枝叶
其他措施		（1）酸化土壤（pH<4.0）：调理剂（如牡蛎粉）50～100千克/亩。 （2）茶树根系不理想：促根剂（根琛）20～50克/亩＋菌剂250～500克/亩

图7-3 白叶一号生产茶园"有机肥＋硝化抑制剂功能
　　　肥"高效施肥模式示范

三、"有机肥＋水肥一体化"高效施肥技术模式（表7-3、图7-4）

表7-3　"有机肥＋水肥一体化"高效施肥技术模式

管理项目	施肥时期及用量
基肥	全年茶季结束（茶树进入休眠），施饼肥100～150千克/亩，或者商品有机肥（如瑞壤）150～200千克/亩
滴灌施肥	全年分6～7次滴灌，每次水溶性肥料按N、P_2O_5、K_2O用量0.8～1.0千克/亩、0.2～0.4千克/亩、0.6～0.8千克/亩，时间分别为春茶采前40～50天、春茶采前30～40天、春茶采前10～20天、5月中旬、7月中旬、（8月中旬）、10月中旬
基肥	人工开沟15～20厘米，或结合机械深施
叶面肥	11月中下旬喷氨基酸类叶面肥1次，间隔2周后再喷1次。翌年2月初（芽叶萌动前）喷1次，间隔2周后再喷1次
配套措施	(1) 春茶后进行重修剪（离地40～50厘米处剪去）。 (2) 无冻害地区10月中下旬至11月上旬进行轻修剪，剪去3～5厘米枝叶
其他措施	(1) 酸化土壤（pH<4.0）：调理剂（如牡蛎粉）50～100千克/亩。 (2) 茶树根系不理想：促根剂（根琛）20～50克/亩＋菌剂250～500克/亩

图7-4　白叶一号茶园"有机肥＋水肥一体化"高效施肥技术模式示范

四、"有机肥+茶树专用肥+鼠茅草"高效施肥技术模式

白化茶树生长势较弱、茶行覆盖度低,适合种植绿肥,其中鼠茅草是一种比较理想的生态绿肥。

(一)鼠茅草优点

1. 自然倒伏,无须人工刈割

鼠茅草直立性差,长到一定高度后会自然倒伏,不与茶树争光,也不需要人工二次刈割,其生长期内不会影响茶树正常生长(图7-5)。

| 出苗 | 生长 | 倒伏 | 枯死 |

图7-5 鼠茅草年生长周期

2. 不与茶树争夺养分

鼠茅草的生长期与茶树生长期只有部分重叠,鼠茅草在深秋开始萌发,早春生长早而快,此时茶叶新梢尚未萌动。进入夏季后随着气温的升高,鼠茅草逐渐枯死,不再吸收养分,腐烂后给茶树提供养分;鼠茅草的根系浅与茶树相对较深的根系分布在不同土层,避免了两者对养分的竞争。茶树可利用覆盖土壤的鼠茅草提高早春土壤的温度和湿度,有利于新梢提早萌发,明显提高茶树的发芽密度和百芽质量,提高茶叶中的氨基酸等含量,增产提质作用明显。

3. 抑制杂草生长，达到"以草除草"目的

杂草容易与茶树争夺养分，干旱时又争抢水分，因此茶园杂草需要及时清除。一般采用人工除草或使用除草剂解决，近年来随着农村劳动力不断减少，除草成本越来越高。鼠茅草如毛毯般铺在茶园，挤压了杂草的生存空间，每年可有效抑制杂草10个月以上，达到以草除草目的，具备绿色生态环保特点。

4. 保持水土，调节土壤温度

我国茶园主要分布在山区、半山区，茶园坡度大，容易造成土壤的冲刷流失。鼠茅草种植后在地面形成厚厚的覆盖层，有效防止坡地土壤流失，牢牢锁住土壤水分。同时冬春季能提高土壤温度，夏秋季降低土壤温度。

5. 提高土壤有机质含量，改善土壤质量

鼠茅草属于密生型绿肥，有研究表明，在果园中可生产460～1 100千克/亩的干草，氮（N）累积9.8千克/亩，磷（P）累积2.4千克/亩，钾（K）累积8.4千克/亩（吕鹏超等，2015）。根据编者的测定数据，茶园中能生产750千克/亩的干草。枯死后，在高温高湿作用下，鼠茅草逐渐腐烂后既可为茶树提供养分，由于鼠茅草地下根系量大，更能提高土壤有机质含量。而且鼠茅草的完全腐烂时间（689天）要显著高于大豆秸秆（276天）和花生秸秆（324天）（吕鹏超等，2015），改土效果更优。

6. 一次播种，多年有效

鼠茅草种植1次，成熟后的草籽进入土壤，会自然萌发。第二年可根据出苗情况进行少量复播。一般能循环生长4～5年，其间只要少量除草，大大节省除草成本。

（二）鼠茅草种植技术

鼠茅草播种时间一般在施基肥时期的9—10月，有利于出苗。茶园播种1～2千克/亩鼠茅草籽。利用施肥时的开沟或机械施肥先对地面进行耕作清理。撒播鼠茅草种子前应将杂草清除，用耕

作机械翻耕5～10厘米，使行间地面平整。

鼠茅草种子小，播种时应与细土或细沙拌匀，种子和细土（细沙）按1：（5～10）的比例拌匀，均匀撒播于茶行间，播种后覆盖薄土（1～2厘米）。

播种后如遇到长期干旱，需要适当灌溉，有助于提高草籽发芽率。

鼠茅草需要适当施用氮肥，以促进其正常生长。鼠茅草返青后进入拔节期需要吸收养分供其正常生长，因此结合茶园春季施催芽肥时进行施肥。

（三）技术模式（表7-4、图7-6）

表7-4　"有机肥＋茶树专用肥＋鼠茅草"高效施肥技术模式

项目	管理	详细内容
施肥时期及用量	基肥	全年茶季结束（茶树进入休眠期），施饼肥100～150千克/亩，或商品有机肥（如瑞壤）150～200千克/亩＋茶树专用肥（N-P$_2$O$_5$-K$_2$O 21-6-13，或相近配方）20～30千克/亩＋鼠茅草种子1～2千克/亩
	春茶追肥	春茶开采前40～50天，施用尿素（或含腐植酸尿素）5～6千克/亩
	夏秋茶追肥	春茶结束（5月上中旬）或7月底8月初，施用茶树专用肥（N-P$_2$O$_5$-K$_2$O 21-6-13或相近配方）15～20千克/亩＋含腐植酸尿素5～6千克/亩
	叶面肥	11月中下旬喷施氨基酸类叶面肥1次，间隔2周后再喷1次。翌年2月初（芽叶萌动前）喷1次，间隔2周后再喷1次
施肥方式	基肥	人工开沟15～20厘米，施肥后覆土，或结合机械深施
	追肥	夏茶追肥可直接撒施；秋茶追肥可人工开沟5～10厘米，施肥后覆土，或结合机械翻耕
配套措施		（1）春茶结束后进行重修剪（离地40～50厘米处剪去），修剪物尽量避免覆盖鼠茅草。 （2）无冻害地区10月中下旬至11月上旬进行轻修剪，剪去3～5厘米枝叶
其他措施		（1）酸化土壤（pH<4.0）：调理剂（如牡蛎粉）50～100千克/亩。 （2）茶树根系不理想：促根剂（根琛）20～50克/亩＋菌剂250～500克/亩

图7-6 白叶一号生产茶园"有机肥＋茶树专用肥＋鼠茅草"高效施肥模式示范

五、叶色白化茶园施肥周年历（图7-7）

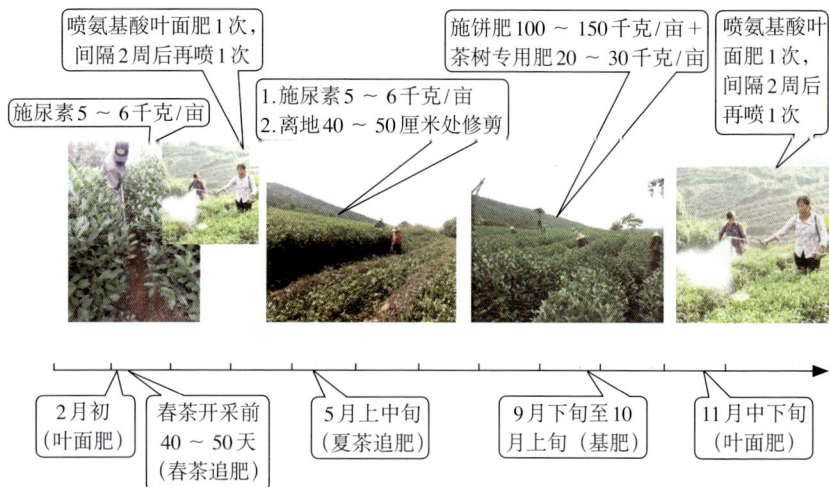

喷氨基酸叶面肥1次，间隔2周后再喷1次

1.施尿素5～6千克/亩
2.离地40～50厘米处修剪

施饼肥100～150千克/亩＋茶树专用肥20～30千克/亩

喷氨基酸叶面肥1次，间隔2周后再喷1次

施尿素5～6千克/亩

| 2月初（叶面肥） | 春茶开采前40～50天（春茶追肥） | 5月上中旬（夏茶追肥） | 9月下旬至10月上旬（基肥） | 11月中下旬（叶面肥） |

图7-7 叶色白化茶园施肥周年历

绿色高效施肥技术模式应用效果 ///

第一节 不同施肥模式对叶色白化茶树生长发育的影响

一、对叶色白化茶树生长的影响

叶色白化茶生产茶园由于采摘和周期性修剪，带走了大量的养分，施肥对茶树生长发育的影响，能从树体的长势表现出来。

在浙江省安吉县的多年大田试验结果表明，推荐施肥优化了氮、磷、钾的配比，特别是提高了氮的比例，即使比农民习惯减少肥料施用25%的情况下，白叶一号茶树的生长明显优于茶农习惯施肥（表8-1），推荐施肥模式茶树根系增重了29.1%，其中吸收根增重了142.7%，可见推荐施肥模式能够促进茶树根系的生长，尤其是对吸收根的生长促进作用特别明显（图8-1）。良好的茶树根系对养分的吸收起到明显的促进作用，保证了对地上部生长的养分输送，与农民习惯相比，推荐施肥模式树高增加17.3%、树幅增加4.5%、修剪物增加69.0%，推荐施肥模式明显促进茶树生长。良好的茶树长势对增产提质起到保障作用。

农民习惯施肥   推荐施肥

图8-1 不同施肥模式下白叶一号茶树根系生长情况

表8-1 不同施肥模式对茶树生长的影响

施肥模式	树高（厘米）	树幅（厘米）	修剪物重量（湿重）（千克/亩）	根系（干重）（克/米²）	吸收根（干重）（克/米²）
农民习惯	95.7a	81.8a	1 087.2a	83.6a	8.9a
推荐施肥	112.2b	85.5b	1 837.6b	107.9b	21.6b

注：同列不同小写字母表示0.05水平具有显著性差异，下同。

二、对新梢产量的影响

对叶色白化茶春季新梢产量情况进行分析，结果表明（表8-2），与农民习惯相比，推荐施肥模式新梢百芽重增重了0.22克，发芽密度增加了28%，新梢产量增加了18.8%。可见，推荐施肥模式对增加芽叶密度具有明显的促进作用，从而增加春季新梢产量（图8-2、图8-3）。

表8-2 不同施肥模式对新梢产量的影响

施肥模式	新梢产量（千克/亩）	增产率（%）	百芽重（鲜重）（克）	芽叶密度（个/米²）
农民习惯	103.8a	—	9.39a	1 584a
推荐施肥	123.3a	18.8	9.61a	2 028b

农民习惯　　　　　　　　　　　　　　推荐施肥

图8-2　不同施肥模式下白叶一号茶树新梢生长情况

农民习惯施肥　　　　　　　　　　　　推荐施肥

图8-3　不同施肥模式下白叶一号茶树新梢

三、对养分吸收的影响

茶树生长旺盛，能够促进其对养分的吸收。与农民习惯施肥相比，推荐施肥模式茶树成熟叶中氮、磷、钾养分有不同程度的增加（表8-3），其中氮、磷养分增加显著。成熟叶作为养分库源，当新梢生长时部分养分转运到新梢，促进新梢的生长。对采摘的新梢养分吸收情况进行分析，结果表明，与农民习惯相比，推荐施肥模式新梢对氮、磷、钾养分的吸收明显增加，氮、磷、钾总养分增加了21.5%。而新梢养分偏生产力从农民习惯的0.73千克/千克提高到推荐施肥模式的1.16千克/千克，即投入1千克氮、磷、钾养分多生产出0.43千克茶叶，提高了58.9%（表8-4）。

表8-3　成熟叶中养分含量

施肥模式	氮（%）	磷（%）	钾（%）
农民习惯	2.90a	0.19a	0.74a
推荐施肥	3.16b	0.22b	0.81b

表8-4　新梢养分吸收及效率

施肥模式	N（千克/公顷）	P_2O_5（千克/公顷）	K_2O（千克/公顷）	总养分（千克/公顷）	新梢养分偏生产力（千克/千克）
农民习惯	22.50	5.49	11.49	39.48	0.73
推荐施肥	27.19	6.42	14.37	47.98	1.16

第二节　不同施肥模式对叶色白化茶品质的影响

一、对新梢品质成分的影响

成品茶的质量与鲜叶质量密切相关，优质原料才能生产出优质成品茶。

不同施肥模式下新梢品质成分分析结果表明（表8-5），与农民习惯施肥相比，推荐施肥模式新梢游离氨基酸总量明显增加，而茶多酚、咖啡因含量略有下降，酚氨比明显下降，这有助于提高叶色白化茶茶汤滋味鲜爽度。

表8-5　不同施肥模式对新梢品质成分的影响

施肥模式	游离氨基酸（%）	茶多酚（%）	咖啡因（%）	酚氨比
农民习惯	5.73a	23.89a	9.25a	4.18b
推荐施肥	6.15b	23.41a	9.10a	3.83a

二、对新梢叶绿素含量的影响

白化程度也是评价叶色白化茶品质好坏的一个重要指标。从分析结果来看（表8-6），与农民习惯施肥相比，推荐施肥模式新梢叶绿素a、叶绿素b和总叶绿素含量都没有表现出显著性差异，基本保持了原有叶色白化茶的外观白色这一独特的品质特征。

表8-6　不同施肥模式对新梢叶绿素的影响

施肥模式	叶绿素a（毫克/克）	叶绿素b（毫克/克）	总叶绿素（毫克/克）
农民习惯	0.397a	0.129a	0.526a
推荐施肥	0.408a	0.137a	0.546a

三、对成品茶感官审评的影响

按照当地采摘标准做成的成品茶经过感官审评，结果表明（表8-7），与农民习惯施肥相比，推荐施肥模式对干茶外形、汤色、滋味的影响作用较大（感官审评得分提高0.5～1分），特别是对汤色和滋味的提升作用最大（分别提升1分），总体提升0.5分。

表8-7　不同施肥模式对成品茶感官审评结果的影响

施肥模式	外观（权重25%）	汤色（权重10%）	香气（权重25%）	滋味（权重30%）	叶底（权重10%）	总分
农民习惯	88.0	91.0	92.0	91.0	88.5	90.3
推荐施肥	88.5	92.0	92.0	92.0	88.5	90.8

第三节　不同施肥模式对茶园土壤理化性质和土壤微生物的影响

从土壤理化性质的分析结果来看（表8-8），推荐施肥模式通过土壤调理剂的使用，使茶园土壤pH有明显提高；优化了氮、磷、钾的配比，使土壤中无机氮、有效钾保持相对高的含量；镁的补充也明显提高了土壤有效镁含量。

表8-8　不同施肥模式对土壤理化性质的影响

施肥模式	pH	有机质（％）	无机氮（毫克/千克）	有效磷（毫克/千克）	有效钾（毫克/千克）	有效镁（毫克/千克）
农民习惯	4.31a	3.41a	21.45a	372.7a	172.5a	27.8a
推荐施肥	4.67b	3.49a	37.61b	394.2a	255.2b	103.3b

从土壤微生物的情况来看（图8-4、图8-5），与农民习惯相比，

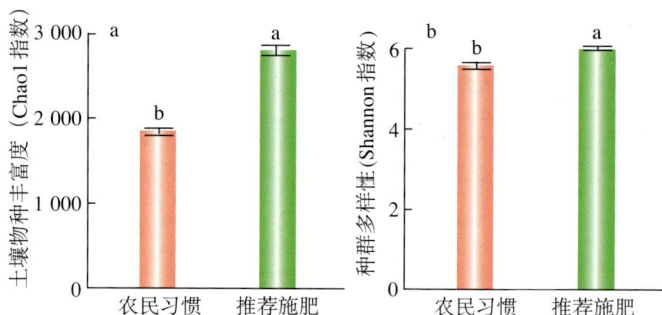

图8-4　不同施肥模式下土壤细菌丰富度（a）和多样性情况（b）
注：不同小写字母表示0.05水平差异性显著，下同。

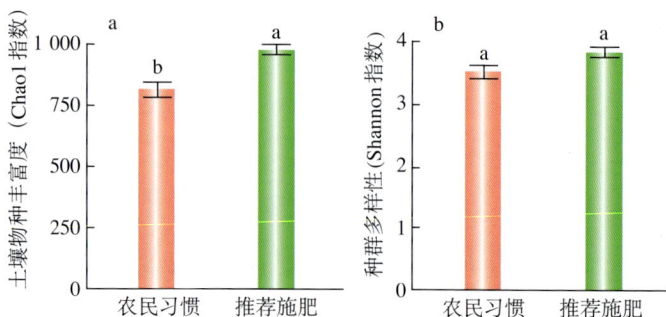

图8-5　不同施肥模式下土壤真菌丰富度（a）和多样性情况（b）

推荐施肥模式土壤细菌的物种多样性和丰富度显著增加；真菌的物种丰富度显著增加，物种多样性有增加，但并没有产生显著性差异。

可见，推荐施肥模式可改善土壤理化性质和土壤微生物状况，提升土壤质量。

第四节 经济和环境效益

一、经济效益

对茶叶收入、施肥支出进行经济效益分析（表8-9），结果表明，与农民习惯施肥相比，通过肥料结构、施肥方式的调整，虽然增加了施肥成本（每亩比农民习惯多支出325元），但茶叶由于增产提质作用明显，茶叶销售收入增加1 760元/亩，最终茶农获得的净收入增加，每亩增收达到1 435元，经济效益显著。

表8-9 不同施肥模式下经济效益分析

施肥模式	茶叶销售收入（元/亩）	施肥支出（元/亩）	净收入（元/亩）	增收（元/亩）
农民习惯	8 492	1 150	7 342	—
推荐施肥	10 252	1 475	8 777	1 435

二、环境效益

施肥是保证茶叶产量和品质的重要举措，但不合理施肥不但会浪费资源、严重降低肥效，还会带来一系列环境问题。

从环境效益来看，茶农施肥一般采用撒施的方式，而且大部分茶园都生长在山坡，施用的肥料大部分通过径流、硝化、反硝化的形式流失。有研究表明，径流损失的氮素占施氮量的7%～35%，氮素的气体挥发损失占总施肥量的19%～24%（牛司耘等，2020）。茶园排放的N_2O主要源于反硝化过程（张珂彬等，2020），化学氮肥施用导致的土壤N_2O直接排放和生产过程中的温室气体排放是茶园化学氮肥消费带来的温室气体主要排放源，每年每公顷茶园可达3.22～9.76吨（王峰等，2020）。

过量施肥，尤其是过量施用氮肥所导致的温室气体排放对整个农业温室气体排放的贡献高达80%左右（Syakila, Kroeze, 2011）。另外，过量施肥会显著增加土壤硝态氮积累，增加环境淋溶风险。茶园土壤氮素淋溶损失率与氮肥投入量密切相关，随着茶树树龄的增加和氮肥投入水平的提高，氮素淋溶风险增大。对日本静冈县酸性茶园土壤的研究发现，年施氮量为300千克/公顷、500千克/公顷、1 080千克/公顷的茶园的$NO_3^- -N$淋溶损失率分别为9%、31%和50%（Morita A，2002；Ikuo W，et al.，2002；Nioh I，et al.，1993；Toda H，et al.，1997）；韩国济州岛茶园的研究发现，年氮肥用量900（千克/公顷）时，$NO_3^- -N$年淋洗损失量为457千克/公顷，若化肥减施50%，$NO_3^- -N$年淋洗损失量可降低到205千克/公顷（Kiml Y G，et al.，2002）。

因而在现有的茶园栽培体系中，科学的施肥模式和茶园优化管理同时将经济效益和环境效益有机结合起来显得非常必要。通过水肥一体化、施用硝化抑制剂功能性肥料、种植鼠茅草等技术措施，以及采用养分总量控制、分期调控等管理策略，减少施肥后径流、反硝化损失，可以明显增加茶树对养分的吸收（Ma, Ruan，2021），减少对环境的污染，环境效益明显。

茶园杂草生长旺盛，每年需要花费大量的人力、物力清除杂草（图8-6），但茶园种植鼠茅草（图8-7）后，茶园杂草量明显下

图8-6 杂草丛生茶园人工拔草

图8-7　种植鼠茅草茶园

降，减少了人工拔草和农药的使用，同时茶园种草起到了夏季降温、冬季增温的作用，茶园小气候得到了明显改善。

一、茶园有机肥施用技术规程（中国茶叶学会团体标准，T/CTSS 8—2020）

1　范围

本标准规定了茶园有机肥种类和安全、新植茶园有机肥施用、幼龄茶园有机肥施用、成龄茶园有机肥施用。

本标准适用于常规茶园有机肥施用。

2　规范性引用文件

下列文件对于本文件的应用是必不可少的。凡是注日期的引用文件，仅所注日期的版本适用于本文件。凡是不注日期的引用文件，其最新版本（包括所有的修改单）适用于本文件。

NY 525 有机肥料

3　茶园有机肥种类和安全

茶园有机肥主要种类有各类饼肥、畜禽粪肥、绿肥、秸秆、沼渣沼液肥、其他土杂肥、商品有机肥等。

茶园用有机肥必须严格保证其安全性，重金属限量指标符合NY 525 中 4.3 的要求。

4 新植茶园有机肥施用

4.1 种类

饼肥、畜禽粪肥、商品有机肥等。

4.2 用量

饼肥每公顷施3 000千克~4 500千克，或畜禽粪肥每公顷施6 000千克~7 500千克，或商品有机肥每公顷施4 500千克~6 000千克。

4.3 用法

茶园新建时，提前3个月在种植行上开沟，沟深40厘米~50厘米，沟底再松土15厘米~20厘米，将腐熟的有机肥施入沟内，施用后覆土。

5 幼龄茶园有机肥施用

5.1 种类

饼肥、畜禽粪肥、商品有机肥、秸秆、绿肥、沼渣等。

5.2 用量

饼肥每公顷施1 500千克~3 000千克，或畜禽粪肥每公顷施3 000千克~4 500千克，或商品有机肥每公顷施2 250千克~3 750千克，或秸秆和绿肥每公顷施4 500千克~6 000千克，或沼渣每公顷施15 000千克~30 000千克。

5.3 用法

在秋冬季基肥时施用，平地缓坡茶园在离茶苗根颈20厘米~25厘米处的行间开挖宽度20厘米~30厘米、深度20厘米~30厘米的施肥沟，山地茶园和窄幅梯级茶园在上坡位置或内侧开深20厘米~30厘米的施肥沟，将腐熟的有机肥施入沟内，施用后覆土。

6 成龄茶园有机肥施用

6.1 种类

饼肥、畜禽粪肥、商品有机肥、秸秆、绿肥、沼渣沼液肥等。

6.2　用量

饼肥每公顷施2 250千克～3 750千克，或畜禽粪肥每公顷施4 500千克～6 000千克，或商品有机肥每公顷施3 000千克～4 500千克，或秸秆和绿肥每公顷施7 500千克～9 000千克，或沼渣每公顷施22 500千克～37 500千克，或沼液每公顷施30 000千克～37 500千克。

6.3　用法

在全年茶季结束后施用，因茶区而异，江北茶区在9月上旬前后施用、江南和西南茶区在9月底至10月底施用、华南茶区在11月中下旬至12月上旬施用。平地缓坡茶园在茶行中间位置开宽20厘米～30厘米、深25厘米～30厘米的施肥沟，山地茶园和窄幅梯级茶园在上坡位置或内侧开深25厘米～30厘米的施肥沟，将有机肥施入沟内，施用后覆土。不同种类有机肥轮换使用。

其中，沼液除在全年茶季结束后施用外，亦可作追肥施用，按全年总量平均分配到基肥和各次追肥。作追肥使用时，宜在茶叶开采前20天，在离茶苗根茎20厘米～35厘米处的行间灌淋。沼液施用时以2～4倍清水稀释，防止烧苗。时间上以晴天傍晚为宜，不宜在土壤含水量过高时施用。

二、茶园化肥施用技术规程（中国茶叶学会团体标准，T/CTSS 9—2020）

1 范围

本规程规定了茶园化学肥料合理施用的总体原则与施肥技术。本规程适用于生产鲜叶原料的常规种植茶园。

2 规范性引用文件

下列文件对于本文件的应用是必不可少的。凡是注日期的引用文件，仅所注日期的版本适用于本文件。凡是不注日期的引用文件，其最新版本（包括所有的修改单）适用于本文件。

GB/T 2440 尿素

GB/T 15063 复混肥料（复合肥料）

GB/T 20406 农业用硫酸钾

GB/T 20412 钙镁磷肥

GB/T 20413 过磷酸钙

GB/T 23348 缓释肥料

GB/T 35113 稳定性肥料

NY 525 有机肥料

3 总体原则

3.1 根据茶树品种、树龄、产量水平、土壤肥力状况、制茶类型与品质要求以及气候因子等条件，确定合理的肥料种类、用量、施用时间及施用方式。

3.2 养分均衡供应，避免长期偏施大量元素肥，适当补充中微量元素养分。

3.3 对氮肥、磷肥、钾肥用量进行总量控制，全年用量适宜比例（N ∶ P_2O_5 ∶ K_2O，下同）为 1 ∶（0.2 ~ 0.4）∶（0.3 ~ 0.5）。

3.4 化肥与有机肥配合施用。

4 施肥技术

4.1 肥料的选择

4.1.1 基肥宜选择养分比例适合茶树需求的专用配方肥，可选择单质肥料，如尿素、过磷酸钙或钙镁磷肥、硫酸钾等以适当比例配合施用。

4.1.2 追肥宜选择尿素等速效氮肥。

4.1.3 基肥或者追肥可选用缓释肥、控释肥、稳定性肥料等长效肥料产品。

4.1.4 选用的化肥和有机肥产品应符合GB/T 2440、GB/T 15063、GB/T 20406、GB/T 20412、GB/T 20413、GB/T 23348、GB/T 35113、NY 525等标准的相关规定。

4.2 氮肥用量

4.2.1 生产名优绿茶的成龄茶园全年氮素适宜用量（按纯氮计，下同）为每公顷200千克～300千克。生产大宗茶的成龄茶园全年氮素适宜用量为每公顷300千克～450千克。

4.2.2 生产红茶的成龄茶园全年氮素适宜用量为每公顷200千克～300千克。

4.2.3 生产乌龙茶的成龄茶园全年氮素适宜用量为每公顷300千克～450千克。

4.2.4 白茶、黄茶、黑茶可根据采摘标准和产量水平参照4.2.1中的推荐用量。

4.2.5 限量水平：只采春茶茶园全年氮肥适宜用量不超过每公顷300千克，全年采摘茶园氮肥适宜用量不超过每公顷450千克；特别高产茶园（每公顷干茶产量高于3 750千克）氮肥适宜用量最高不超过每公顷600千克。

4.3 磷、钾肥用量

4.3.1 成龄采摘茶园 磷肥（P_2O_5计，下同）用量每公顷60千克～90千克；钾肥（K_2O计，下同）用量每公顷60千克～120千克；镁肥（MgO计，下同）用量每公顷30千克～50千克；根据土壤养分分级确定具体用量。

茶园土壤磷、钾、镁养分状况诊断分级

分级	磷（毫克/千克）		钾（毫克/千克）		镁（毫克/千克）	
	Bray 1	Mehlich Ⅲ	中性醋酸铵	Mehlich Ⅲ	中性醋酸铵	Mehlich Ⅲ
低	≤ 5	≤ 10	≤ 80	≤ 100	≤ 40	≤ 45
中	5 ~ 10	10 ~ 20	80 ~ 120	100 ~ 150	40 ~ 60	45 ~ 65
高	> 10	> 20	> 120	> 150	> 60	> 65

注：① Bray 1浸提剂组成为0.03摩尔/升NH_4F、0.025摩尔/升HCl；② Mehlich Ⅲ浸提剂组成为0.2摩尔/升CH_3COOH，0.25摩尔/升NH_4NO_3，0.015摩尔/升NH_4F，0.013摩尔/升HNO_3，0.001摩尔/升 EDTA；③ 中性醋酸铵浸提剂为1摩尔/升醋酸铵，pH=7.0。

4.3.2　土壤养分分级为"低"时，按4.3.1的上限用量施用。

4.3.3　土壤养分含量为"中"时，按氮磷钾比例确定用量；其中生产绿茶的氮磷钾比例1 :（0.2 ~ 0.3）:（0.4 ~ 0.5）；生产红茶的氮磷钾比例1 :（0.3 ~ 0.4）:（0.4 ~ 0.5）；生产乌龙茶的氮磷钾比例1 :（0.2 ~ 0.3）:（0.3 ~ 0.4）。其他茶类可参考绿茶。

4.3.4　土壤养分含量为"高"时，按4.3.1的下限用量施用。

4.4　微量元素肥料

茶园土壤中Mehlich Ⅲ联合浸提液提取的有效铜、有效锌、有效铁、有效锰含量（以元素含量计）分别低于1毫克/千克、1.5毫克/千克、4.5毫克/千克与35毫克/千克时，可施用相应的微量元素肥或增施有机肥。

4.5　与有机肥配合施用

4.5.1　以有机肥替代部分化肥，有机肥替代比例（按氮用量计）占全年氮肥用量的25%。

4.5.2　有机肥养分计入年度总用量，在4.2、4.3规定的总量中扣除有机肥养分后确定化肥用量。

4.6　养分分期调控

4.6.1　按基肥和追肥分次施用肥料，基肥于秋季停止采摘后或茶树地上部停止生长后施用，追肥于各茶季开始之前施用，即春茶追肥、夏茶追肥和秋茶追肥。

4.6.2　只采春茶茶园氮肥分三次施用，分别为：基肥，占全年用量50%，以稳定性肥或缓释肥为宜；春茶追肥，占全年用量30%，春茶采摘前施入；其余20%于春茶后使用，一般为6—8月。

4.6.3　全年采摘茶园氮肥分4次施用，分别为：基肥，占全年用量30%；春茶追肥，占全年用量30%，采摘前施入；夏茶追肥，占全年用量20%，一般为5—6月；秋茶追肥，占全年用量20%，一般为7—8月；特别高产茶园或生长期长的华南茶区，可在9月增加一次追肥。

4.6.4　春茶追肥适宜时间因采摘标准和区域进行调整，以单芽茶、一芽一叶或一芽二叶为采摘标准茶园，春茶追肥时间为采前40～50天；以一芽三叶或以上标准采摘茶园或华南地区茶园，春茶追肥时间为采前30天左右。

4.6.5　基肥施用适宜时期，长江以北茶区为9月下旬至10月初，江南和西南茶区10月上旬，华南茶区为10月下旬。

4.6.6　以长效化肥为追肥时，可适当提前施肥；施肥时应避开干旱、低温、强降雨等不利气象条件。

4.7　施肥方式

4.7.1　化学氮肥按基肥和追肥分次施用，有机肥、复合肥等作为基肥一次性全部施用。

4.7.2　基肥施用：于行间开沟深施，沟深25厘米～30厘米、沟宽20厘米～30厘米，施肥后覆土。

4.7.3　追肥施用：行间条施或地表撒施结合旋耕；行间条施时开沟，深10厘米～15厘米、宽10厘米～20厘米；地表撒施结合旋耕时，先将肥料均匀撒施于行间地表，再用旋耕机耕作，深度5厘米～10厘米，将肥料与土壤充分混合。

4.7.4　具备条件的茶园可采用水肥一体化施肥等高效施肥方式。

4.8 其他

4.8.1　幼龄茶园需降低养分用量，种植后3年内，分别按成龄采摘茶园推荐用量的25%、50%、75%比例逐年施用。

4.8.2　施肥需与其他措施如土壤耕作、树冠修剪等技术措施配合。

三、茶园叶面肥施用技术规程（中国茶叶学会团体标准，T/CTSS 10—2020）

1 范围

本标准规定了叶面肥术语和定义、叶面肥种类和施用技术。

本标准适用于成龄采摘茶园。

2 规范性引用文件

下列文件对于本文件的应用是必不可少的。凡是注日期的引用文件，仅注日期的版本适用于本文件。凡是不注日期的引用文件，其最新版本（包括所有的修改单）适用于本文件。

NY 1106 含腐植酸水溶肥料

NY 1107 大量元素水溶肥料

NY 1110 水溶肥料汞、砷、镉、铅、铬的限量要求

NY 1428 微量元素水溶肥料

NY 1429 含氨基酸水溶肥料

NY 2266—2012 中量元素水溶肥料

3 术语和定义

3.1 叶面肥（foliar fertilizer）

以植物叶面吸收为途径，将作物所需养分直接施用于叶面并能被其吸收利用的肥料。

4 叶面肥种类

尿素水溶肥、含有机质叶面肥（氨基酸叶面肥和腐植酸叶面肥）、中微量元素叶面肥（镁Mg，铁Fe，锰Mn，锌Zn，铜Cu，钼Mo）。

5 施用技术

5.1 使用条件

5.1.1 在土壤肥力满足下使用。

5.1.2 中微量元素缺乏时应急矫正施用。

5.1.3 在需要增强茶树冬季养分贮藏，提升春茶营养贮备下使用。

5.1.4 茶树根系活力差、树势较弱。

5.2 合理用量

5.2.1 尿素水溶肥

按1%～2%尿素（尿素/水，质量分数）浓度，用清水配制，每公顷用液量675千克～900千克。

5.2.2 含有机质叶面肥

氨基酸类叶面肥：按商品使用说明用清水稀释至相应浓度，每公顷用液量675千克～900千克。

腐植酸叶面肥：按商品使用说明用清水稀释至腐植酸有效成分为2%的浓度喷施，每公顷用液量675千克～900千克。

5.2.3 中微量元素叶面肥

按下表配制浓度喷施，每公顷用液量675千克～900千克。

中微量元素叶面肥喷施浓度

元素	喷施浓度
镁（Mg）	2%硫酸镁，用清水配制
铁（Fe）	0.05%～3%硫酸亚铁或0.1%～0.2%螯合铁，用清水配制
锰（Mn）	0.3～0.5毫克/千克硫酸锰，用清水配制
锌（Zn）	0.1%～0.5%硫酸锌，用清水配制
铜（Cu）	0.02%～0.05%硫酸铜，用清水配制
钼（Mo）	0.05%～0.10%钼酸铵，用清水配制

5.3　施用时间

5.3.1　冬春两季结合施用

在土壤肥力基本满足下，为增强茶树冬季养分贮藏、提升春茶营养储备，可采用冬春两季结合施用。以嫩采名优茶为主的绿茶产区，冬季喷施两次。11月下旬喷施一次，间隔两周后再喷一次；春季喷施两次。2月底（春茶新梢萌发前）喷施一次，间隔两周后再喷一次。可喷施4.1和4.2叶面肥种类，分别按5.2.1和5.2.2喷施。

5.3.2　中微量元素缺乏时应急矫正施用

茶树出现缺素症状时，按5.2.3施用量喷施。

5.3.3　茶树根系活力差、树势较弱

在茶树根部养分供应不足时，每轮茶季结束、下一轮新梢萌发前进行喷施，每隔一周进行一次喷施，喷2～3次；可喷施4.1和4.2中叶面肥种类，分别按5.2.1和5.2.2喷施。

5.4　施用方式

5.4.1　人工喷施

以静电喷雾器施用为宜。喷施于茶树叶片正面和背面，以背面为主。喷施时间应在晴天上午10时前、下午4时以后或者阴天喷施。若喷后3小时内下雨，需等天晴后及时补喷一次，可适当降低喷施浓度。

5.4.2　无人机喷施

采用农用植保无人机，叶面肥单位面积喷施量每公顷15升。喷施时间与人工喷施时间同步。

参考文献

范腊梅, 何电源, 廖先苓, 1988. 茶园土壤中磷素状态对茶叶品质的影响[J]. 中国茶叶(2): 28-29.

韩文炎, 阮建云, 林智, 等, 2002. 茶园土壤主要营养障碍因子及系列茶树专用肥的研制[J]. 茶叶科学, 22(1): 70-74.

李勤, 程晓梅, 李永迪, 等, 2019. 白叶1号白化过程中叶绿体蛋白质组差异分析[J]. 茶叶科学, 39(3): 325-334.

李素芳, 陈树尧, 成浩, 1994. 茶树阶段性返白现象的初步研究[J]. 中国茶叶(2): 26-27.

李明, 张龙杰, 王开荣, 等, 2008. 光照敏感型白化茶"黄金芽"白化生态特性研究[J]. 茶叶, 34(2): 98-102.

吕鹏超, 隋方功, 梁斌, 等, 2015. 不同覆盖方式鼠茅草养分吸收规律[J]. 青岛农业大学学报(自然科学版), 32(2): 137-140.

吕鹏超, 梁斌, 隋方功, 等, 2015. 不同绿肥秸秆养分释收规律的研究[J]. 作物杂志, 32(4): 130-134.

牛司耘, 倪康, 伊晓云, 等, 2020. 茶园生态系统土壤氮素损失途径研究进展[J]. 茶叶学报, 61(1): 1-5.

阮建云, 石元值, 马立锋, 等, 2003. 钾营养对茶树几种病害抗性的影响[J]. 土壤(2): 165-167.

阮建云, 马立锋, 伊晓云, 等, 2020. 茶树养分综合管理与减肥增效技术研究[J]. 茶叶科学, 40(1): 85-95.

沈仁芳，赵学强，2015. 土壤微生物在植物获得养分中的作用 [J]. 生态学报(20): 6584-6591.

汤丹，赖建红，魏行，等，2014. 安吉白茶园土壤肥力现状分析 [J]. 茶叶，40(4): 227-229.

王开荣，2007. 白化茶种质资源综合性状研究 [D]. 杭州：浙江大学.

王开荣，梁月荣，张龙杰，等，2008. 白化茶种质资源的分类及特性 [J]. 中国茶叶，30(8): 9-11.

王峰，陈玉真，吴志丹，等，2020. 我国典型茶区化学氮肥施用与生产运输过程的温室气体排放量估算 [J]. 茶叶科学，40(2): 205-214.

王泽农，1964. 磷素营养与茶树施用磷肥 [J]. 安徽农学院学报：61-74.

吴洵，郑岳云，2003. 茶树多花多果原因及防治方法 [J]. 福建茶叶(3): 15-16.

杨向德，石元值，伊晓云，等，2015. 茶园土壤酸化研究现状和展望 [J]. 茶叶学报，56(4): 189-197.

杨清霖，杨向德，季凌飞，等，2020. 滴灌施肥对幼龄茶树生长和养分吸收的影响 [J]. 茶叶科学，40(1): 96-104.

杨亚军，2005. 中国茶树栽培学 [M]. 上海：上海科学技术出版社.

张珂彬，王毅，刘新亮，等，2020. 茶园氧化亚氮排放机制及减排措施研究进展 [J]. 生态与农村环境学报，36(4): 413-424.

中华人民共和国卫生部，2006. 生活饮用水卫生标准：GB5749—85[S]. 北京：中国标准出版社.

Fan K, Zhang Q F, Liu M Y, et al., 2019. Metabolomic and transcriptional analyses reveal the mechanism of C, N allocation from source leaf to flower in tea plant(*Camellia sinensis*. L)[J]. Journal of Plant Physiology, 232: 200-208.

Ikuo W, Shinichi T, Kunihiko N, et al., 2002. The leaching of fertilizer elements from the soil of tea field and the growth of tea plant, 1: On the leaching of inorganic nitrogen[J]. Tea Research Report, 94(1): 1-6.

Lin Z H, Qi Y Q, Chen R B, et al., 2012. Effects of phosphorus supply on the quality of green tea [J]. Food Chemistry, 130: 908-914.

Ma L F, Shi Y Z, Ruan J Y, 2019. Nitrogen absorption by field-grown tea plants(*Camellia sinensis*)in winter dormancy and utilization in spring shoots[J].

Plant and Soil. https://doi.org/10.1007/s11104-019-04182-y.

Ma L F, Ruan J Y, 2021. Deep placement of nitrogen fertilizer in autumn improves N utilization by spring tea(*Camellia sinensis* L.)[J]. Journal of Plant Nutrition and Soil Science: 1-9.

Morita A, 2002. Nitrification and denitrification in acidic soil of tea(*Camellia sinensis* L.)field estimated by ^{15}N values of leached nitrogen from the soil columns treated with ammonium nitrate in the presence or absence of a nitrification inhibitor and with slow-release fertilizers[J]. Soil Science and Plant Nutrition, 48(4): 585-593.

Nioh I, Isobe T, Osada M, 1993. Microbial biomass and some biochemical characteristics of a strongly acid tea field soil[J]. Soil Science and Plant Nutrition, 39(4): 617-626.

Ruan J Y, Ma L F, Yang Y J, 2012. Magnesium nutrition on accumulation and transport of amino acids in tea plants [J]. Journal of the Science of Food and Agriculture, 92: 1375-1383.

Ruan J Y, Ma L F, Shi Y Z, 2013. Potassium management in tea plantations: Its uptake by field plants, status in soils, and efficacy on yields and quality of teas in China[J]. Journal of Plant Nutrition and Soil Science, 176: 450-459.

Toda H, Mochizuki Y, Kawanushi T, 1997. Estimation of reduction in nitrogen load by tea and paddy field land system in Makinohara area of Shizuoka[J]. Soil Science and Plant Nutrition, 68(1): 369-375.

Kiml Y G, Ryul H S, Leel J H, 2002. Nitrogen leaching volume based on soil property and fertilization method in Jeju Island's tea gardens[C]. Japan: compiled by the organizing committee, Shizuoka: 187-190.

Yang X D, Ni K, Shi Y Z, et al., 2018. Effects of long-term nitrogen application on soil acidification and solution chemistry of a tea plantation in China[J]. Agriculture, Ecosystems and Environment(252): 74-82.

Alfi Syakila, Carolien Kroeze, 2011. The global nitrous oxide budget revisited[J]. Greenhouse Gas Measurement and Management, 1(1):17-26.

图书在版编目（CIP）数据

叶色白化茶绿色高效施肥技术 / 马立锋等著.
北京：中国农业出版社，2024.9. --（中国主要作物绿色高效施肥技术丛书）. -- ISBN 978-7-109-32412-1

Ⅰ.S571.106.2

中国国家版本馆CIP数据核字第2024PL4504号

叶色白化茶绿色高效施肥技术
YESE BAIHUACHA LÜSE GAOXIAO SHIFEI JISHU

中国农业出版社出版

地址：北京市朝阳区麦子店街18号楼
邮编：100125
责任编辑：魏兆猛
版式设计：王　晨　　责任校对：吴丽婷　　责任印制：王　宏
印刷：北京缤索印刷有限公司
版次：2024年9月第1版
印次：2024年9月北京第1次印刷
发行：新华书店北京发行所
开本：880mm×1230mm　1/32
印张：3.25
字数：90千字
定价：35.00元